DIE GANZE WELT

Reisebegleiter durch die Ausstellung terra mineralia

SANDSTEIN VERLAG
DRESDEN

DER MINERALE

SPERRYLITH
BERYLL
ELPIDIT
CHALKOPYRIT
LABRADORIT
SERANDIT
ST. PAULS INSEL
USSINGIT
ARFVEDSONIT
GEARKSUTIT
KANGERDLUARSSUQ
RINKIT
KRYOLITH
IVIGTUT
SIDERIT
SUPERIOR
CARLETONIT
CHIBOUGAMAU
NATROLITH
CUBANIT
RENFREW
MT. ST.-HILAIRE
CORDIERIT
ANALCIM
HEULANDIT
STILBIT
FRANKLIN
HADDAM
FLUORIT
WOOD MINE
CALCIT
MOUNTAINS
HELN
DOLOMIT
XENOTIM
TANTALIT
PYROCHLOR
MONAZIT
ZIRKON
PITINGA MINE
KAOLINIT
GOLD
ITAITUBA
DIASPOR
APUÍ
MUSKOVIT
QUARZ
SPHALERIT
MIARGYRIT
RUTIL
QUARZ
STEPHANIT
EUKLAS
HÄMATIT
BOURNONIT
HELVIN
UVIT
NOVO HORIZONTE
PASCO
PYRARGYRIT
AZURIT
SILBER
MUSKOVIT
MALACHIT
SEABRA
REYNA
ENARGIT
TOPAS
TURMALIN
BRUMADO
CHALKOPYRIT
ALBIT
CONSELHEIRO PENA
AQUAMARIN
CORONEL MURTA
QUARZ
VILOCO
GOVERNADOR VALADARES
LLALLAGUA
ARGYRODIT
COLQUECHACA
ARGENTOPYRIT
OURO PRETO
MAGNESIT
NAZARENO
POTOSÍ
TAZNA
BISMUTHINIT
CHUQUICAMATA
RHODOCHROSIT
MINAS CAPILLITAS
TANTALIT
IRAÍ
SÃO GABRIEL
CALCIT
ARGENTIT
ARTIGAS
CHAÑARCILLO
AMETHYST
ORARGYRIT
FERBERIT
PYRIT
SILBER
CHALKOPYRIT
MALACHIT
DOLOMIT
APATIT
ARSENOPYRIT
CINNABARIT
ALMADÉN
HÄMATIT
BARYT
BOU AZZER
PROUSTIT
AKANTHIT
WULFENIT
AZURIT
WÜSTENROSEN
COELESTIN
WENDWILSONIT
ROSELITH
ERYTHRIN
GIPS
SKUTTERUDIT
N'DRAHAMCHA
GRANAT
CHALKOPYRIT
KAYES
KEDOUGOU
PREHNIT
EPIDOT
DIAMANT
GALENIT
BERYLL
KADUNA
JOS-PLATEAU
TURMALIN
GOLD

INHALT

GRUSSWORT DES REKTORS

Die TU Bergakademie Freiberg ist die älteste montanwissenschaftliche Hochschule der Welt. In diesem Jahr feiert sie ihr 250. Jubiläum. Mit ihren traditionsreichen Geowissenschaftlichen Sammlungen begründete sie ihren Ruf als Geburtsstätte der modernen Geowissenschaften, der Geologie und Mineralogie.
Es ist also kein Zufall, liebe Besucherinnen und liebe Besucher, dass die terra mineralia eine Dauerausstellung der TU Bergakademie Freiberg ist und so weiterhin den Ruf unserer Hochschule als Geo-Standort festigt.
Als eine der größten und schönsten Mineralienausstellungen der Welt dient sie auch den Wissenschaften. Hier versuchen wir, das Interesse und die Begeisterung für die Geologie und Mineralogie bereits bei den Jüngsten zu wecken.
Die vielfältigen, atemberaubend schönen Farben und die überwältigenden Formen der Minerale lassen uns zugleich vor den kostbaren Schätzen unserer Erde staunen.
In der terra mineralia erfahren wir auch, dass die Minerale eine breite Anwendung im Alltag haben und dass wir ohne sie heute nicht leben könnten.
Terra mineralia hilft uns, die faszinierende Welt um uns neu zu entdecken. Lassen Sie sich entführen – auf eine mineralogische Reise um die Welt.

Viel Vergnügen!

Prof. Dr. Klaus-Dieter Barbknecht
Rektor der TU Bergakademie Freiberg

GRUSSWORT DES WISSENSCHAFTLICHEN DIREKTORS

Ich begrüße Sie herzlich in terra mineralia, unserer Ausstellung der Sammlung der Pohl-Ströher Mineralienstiftung. Diese Stiftung ist ein besonderer Glücksfall für die Mineralogie und unsere Universität. Sie ermöglicht es uns Wissenschaftlern, in einzigartiger, nahezu spielerischer Weise mit Ihnen zu kommunizieren und gleichzeitig unsere eigenen, systematischen, über zwei Jahrhunderte gewachsenen Sammlungen um Objekte von Weltklasse zu bereichern.

Fast niemand kann sich dem Farben- und Formenreichtum dieser Mineralstufen entziehen. Wir haben deshalb nur wenige Komponenten des Konzepts eines Naturkundemuseums für die Ausstellung ausgewählt. Die Objekte sprechen für sich, sie bestimmen den Präsentationsraum, wie in einer Gemäldegalerie oder einem botanischen Garten. Die regionale Systematik der Ausstellung terra mineralia ermöglicht Ihnen eine Weltreise. Folgen Sie den Mineralen von Fundstätte zu Fundstätte, von Kontinent zu Kontinent und entdecken Sie die zusätzlichen Expeditionen, die Ihnen Ausblicke in Raum, Zeit, Licht und auch die Wissenschaft selbst ermöglichen.

Unser Dank gilt der Stifterin Frau Dr. Erika Pohl-Ströher, dem Ministerium für Wissenschaft und Kunst des Freistaats Sachsen und dem Architekturbüro AFF Berlin, das mit uns einen inspirierenden Dialog führte.

Lassen Sie sich faszinieren! Stellen Sie Fragen! Genießen Sie die Ausstellung!

Glück auf!

Prof. Dr. Gerhard Heide
Universitätsprofessor für Allgemeine und Angewandte Mineralogie
Direktor der Geowissenschaftlichen Sammlungen

GLÜCK AUF!

Liebe Besucher, liebe Reisende,

Glück auf und herzlich willkommen in der terra mineralia, einer der größten und schönsten Mineralienausstellungen der Welt. Seit Oktober 2008 erstrahlen die Säle von Schloss Freudenstein, dem Sitz der terra mineralia, in neuem Glanz. Die Dauerausstellung der TU Bergakademie Freiberg präsentiert mitten im Herzen der Freiberger Altstadt auf über 1 500 Quadratmetern Ausstellungsfläche rund 3 500 Minerale von fünf Kontinenten, darunter auch Edelsteine und Meteoriten. Die außergewöhnlichen Exponate aus Europa, Asien, Australien, Afrika und Amerika stammen aus der Privatsammlung der Stifterin Dr. Erika Pohl-Ströher. Damit erweitert und bereichert die Pohl-Ströher Mineralienstiftung die bedeutenden und traditionsreichen Geowissenschaftlichen Sammlungen der TU Bergakademie, die als Ressourcenuniversität auf eine 250-jährige Geschichte zurückblickt. Gemeinsam mit der terra mineralia im Schloss Freudenstein und der Mineralogischen Sammlung Deutschland im benachbarten KRÜGER-HAUS bilden sie den größten mineralogischen Ausstellungskomplex der Welt. Die Sammlungen bieten Besuchern aus aller Welt die Chance, die Schönheiten aus dem Inneren der Erde und den Tiefen des Weltalls zu bewundern.

Wir laden Sie auf eine faszinierende Reise zu den wunderschönen Mineralen der Ausstellung terra mineralia ein. Mit dem Ausstellungsführer in der Hand begeben Sie sich von Fundort zu Fundort und erfreuen Sie sich in den vier Sälen an der Farben- und Formenvielfalt der Mineralstufen. Jeder Saal besitzt seine ganz besondere Atmosphäre durch die Anordnung der Vitrinen und die Auswahl der Exponate. Bis auf wenige Ausnahmen wurden alle Minerale so belassen, wie die Natur sie geschaffen hat. Sie stammen aus Bergwerken, Steinbrüchen und Sammleraufschlüssen. Unterwegs werden Sie auch erfahren, welche Eigenschaften Minerale besitzen, wofür sie verwendet werden und welche Bedeutung sie für unseren Alltag haben. In jedem Saal können Sie außerdem nach Lust und Laune einen Abstecher von der Weltreise unternehmen, um tiefergehende mineralogische Einblicke zu bekommen. Abschluss und Glanzpunkt Ihrer Reise sollte in jedem Fall die Schatzkammer sein. In einem Renaissancegewölbe warten die schönsten und größten Stufen der Sammlung auf Sie.

Haben wir Sie neugierig gemacht? Dann starten Sie zu Ihrer persönlichen mineralogischen Weltreise. Sie beginnt hier im Schloss Freudenstein übrigens nicht, wie sonst üblich, im Foyer, sondern in der 5. Etage in der »Einführung«.

Wir wünschen Ihnen eine
erlebnisreiche und unvergessliche
Reise!

Anna Dziwetzki
Leiterin terra mineralia

EINGANG

ERSTE STATION:

EINFÜHRUNG

IN EINE MINERALOGISCHE WELTREISE

In der 5. Etage erwartet Sie eine kurze Einführung in die Welt der Minerale.
Wenn Sie den Raum betreten, wird Ihnen sehr wahrscheinlich als erstes die eindrucksvolle Holzkonstruktion ins Auge fallen, die zunächst die Schlossgeschichte in den Mittelpunkt rückt. Die massiven Deckenbalken und alten Fichtendielen stammen aus dem 18. Jahrhundert und wurden damals eingebaut, um das Schloss als Arsenal, Lazarett, Gefängnis und Kornspeicher zu nutzen. Wenn Sie genau hinschauen, entdecken Sie noch Markierungen an den Stützbalken, die als Füllstandanzeiger für das eingelagerte Korn dienten. Sogar Eindrücke von Getreidekörnern auf dem Fußboden sind noch heute sichtbar.
Schauen Sie nach vorn, öffnet sich dort der Raum und Ihr Blick fällt auf vier Bildschirme, unter denen sich eine riesige Weltkarte befindet. Sie erstreckt sich über zwei Etagen und sieht anders aus, als Sie es vielleicht gewohnt sind. Pinkfarbene Namen verweisen auf wichtige Fundorte auf der ganzen Welt. Die Minerale, die dort vorkommen, sind weiß gekennzeichnet. Wenn Sie einige dieser Fundorte ansteuern möchten, um Sie sich genauer anzuschauen, benutzen Sie einen der vier halbrunden Fernbedienungsknöpfe (Trackballs) auf der Brüstung vor sich. Wählen Sie sich eine Stadt oder Region aus und »fliegen« Sie mittels Google Earth zu diesem Fundort. Hier können Sie unter anderem Fundumstände, Landschaften, Land und Leute kennenlernen. Mit etwas Aufmerksamkeit finden Sie sicher beim Rundgang durch die Säle einen Großteil der abgebildeten Mineralstufen in einer der Vitrinen wieder.
Doch bevor Sie sich auf die Suche begeben, gibt es hier noch mehr zu entdecken. Rechts sehen Sie in den Pultvitrinen einen Animationsfilm, der grundlegende mineralogische Fragestellungen aufwirft. Die Antworten werden Sie während Ihres Rundgangs nach und nach finden. Auf die Frage, wozu Minerale verwendet werden, gibt es gleich in den Vitrinen auf der

gegenüber liegenden Seite des Raumes einige Antworten. Dort werden drei herausragende Beispiele für den Einsatz von Mineralen in Industrie und Technik vorgestellt.

Ins Auge fällt zunächst der glänzende Silizium-Einkristall in der Mitte. Er stammt von der Firma Siltronic AG aus Freiberg und wiegt vier Kilogramm. Aus solchen Einkristallen, die derzeit mit etwa zwei Meter Länge und bis zu 45 Zentimeter Durchmesser hergestellt werden, sägt man circa 0,5 Millimeter dünne Scheiben, die Wafer genannt werden. Die silberglänzenden Rohlinge werden später zu Trägern von integrierten Schaltkreisen, die in Computerchips und Speichermedien eingebaut sind.

Der Fluorit-Einkristall rechts davon wirkt zunächst unspektakulär. Jedoch handelt es sich um den weltgrößten seiner Art, den die terra mineralia von dem Jenaer Unternehmen Schott Lithotec erhalten hat. Der 63 Kilogramm schwere, glasklare Fluorit ist

GOLD
DIAMANT
CALCIT

ein Beispiel dafür, dass stofflich extrem reine und von Strukturfehlern freie Kristalle heute von der Industrie gezüchtet werden. Diese Einkristalle werden zu Linsen verarbeitet, an die höchste Anforderungen gestellt werden, um sie in der Mikrolithografie der Halbleiterindustrie, aber auch in optischen Systemen für die Astronomie, Fotografie und Mikroskopie einzusetzen.
Ganz links steht ein Bohrkopf der Firma Hughes-Christensen, der mit Diamantsinterplättchen besetzt ist. Er kam bei Tiefbohrungen in der Nordsee zum Einsatz. Künstliche Diamanten sind zwar aufwendig und teuer in der Herstellung, jedoch im Vergleich zu natürlichen Diamanten immer noch kostengünstiger. Zudem sind sie in beliebiger Menge produzierbar. Daher haben künstliche Diamanten die natürlichen in Bohr-, Schneid- und Schleifwerkzeugen fast vollständig abgelöst.
Als Ausgangsmaterial für synthetische Diamanten dient in der Regel der Graphit, auch eine Modifikation des Kohlenstoffs. Seit jüngster Zeit kann aus Graphit ein ganz neuer Stoff gewonnen werden: Graphen, ein Stoff der Zukunft mit noch zum Teil unerforschtem Potenzial. Aufgrund seines Aufbaus aus einer einzigen Lage von Kohlenstoffatomen ist es ultraleicht, dabei zugfest und extrem wärmeleitfähig. Das Exponat wurde der terra mineralia im November 2011 von dem Nobelpreisträger Prof. Dr. Konstantin Novoselov (* 1974) von der University of Manchester geschenkt.
Nach dieser kleinen Einführung und einem kurzen Ausflug in die Wissenschaft und Technik können Sie sich jetzt ganz der Schönheit der Minerale zuwenden. Gehen Sie die schmale Treppe im magentafarbenen Korpus nach unten. Amerika erwartet Sie!

AMERIKA

ZWEITE STATION:

AMERIKA

MIT DER EXPEDITION
»REISE INS LICHT«

Zunächst gelangen Sie von der Einführungsplattform über die Holztreppe hinunter zur nächsten Ebene des ehemaligen Kornspeichers. Der Amerika-Saal präsentiert in zwei getrennten Räumen Schätze der Natur von ausgewählten Fundstellen aus den USA, Mexiko, Brasilien und Peru.

Die ersten beiden Vitrinen enthalten Minerale von den bedeutendsten Fundstellen Brasiliens. Vor allem drei imposante Stufen von Bergkristall, einer Varietät des Quarzes, entfalten in der ersten Vitrine ihre Pracht. Von den Lagerstätten im Bundesstaat Minas Gerais stammen außerdem eindrucksvolle Topase, Turmaline, Aquamarine, Apatite, Muskovite und ein attraktiver Kyanit. Weniger bekannt, aber prächtig anzuschauen, ist ein Brasilianit. Das grünlich-gelbe Mineral wurde 1945 im Land entdeckt und auch danach benannt. Die Bundesstaaten Bahia und Rio Grande do Sul sind in der zweiten Vitrine unter anderem mit einer Smaragdstufe und mehreren Rutilstufen vertreten. Unbedingt anschauen sollten Sie sich auch den Amethyst mit Zeptercalcit.
Im Anschluss begegnen Ihnen Minerale aus den USA. Ausgesprochen sehenswert sind die Kupfersekundärminerale Azurit und Malachit von der bekannten Lagerstätte Bisbee in Arizona, gediegenes Kupfer aus Michigan, farbenprächtige Fluorite aus dem Staat Illinois und rot leuchtende Rhodochrosite aus der Sweet Home Mine aus Colorado. Eine Besonderheit in der letzten Vitrine sind die honiggelben Calcitkristalle aus dem sonst eher mineralarmen Florida, die in Hohlräumen fossiler mariner Muscheln entstanden sind. Wenn Sie nach diesem ersten Überblick denken, dass Amerika sich schon von seiner besten Seite gezeigt hat, dürfen Sie im folgenden Saal eine Überraschung erwarten.

Nun betreten Sie den Spiegelsaal! Seine Gestaltung ist einem Saal des berühmten Carnegie-Museums in Pittsburgh/USA nachempfunden. Hier befinden Sie sich

im Land der grenzenlosen Weiten und der unbegrenzten Möglichkeiten. Vollglasvitrinen mit ihren funkelnden Mineralen wiederholen sich scheinbar bis in die Unendlichkeit. Dafür wurden die 16 Vitrinen in exakter Geometrie aufgestellt, ganz so, wie die Atome geometrisch exakt innerhalb eines Kristalls angeordnet sind. Die entlang der Spiegelwände ausgestellten Stufen stammen ebenfalls aus Brasilien und den USA. Darunter sind Sphalerite, Baryte, Calcite und Fluorite der Blei-Zink-Lagerstätten aus Tennessee und Missouri. Repräsentativ für bekannte Fundstellen in Arkansas sind zwei große Bergkristallstufen.

Unter diesen Mineralen aus den USA befinden sich im Übrigen einige Exponate, die Leihgaben des ehemaligen Rektors der TU Bergakademie Freiberg und heutigen sächsischen Finanzministers Prof. Dr. Unland sind.

Das Land Mexiko ist durch Wulfenitstufen von verschiedenen Fundorten in gelblichen bis orangen Farbtönen vertreten. Aus dem Blei-Zink-Bergwerk Naica kommen glasklare Gipskristalle in beeindruckender Qualität und Größe. Hier zu sehen ist ein Repräsentant mit Kristallen bis zu 15 Zentimeter Größe sowie eine bizarre Gipslocke. Ein Hingucker aus Peru ist die knapp 20 × 20 Zentimeter große, rosarote Rhodonitstufe. Das südamerikanische Land glänzt zudem mit perfekten Pyriten in vielfältigen Formen und mit rot durchscheinenden Hübnerit- sowie goldgelben Auripigmentkristallen. Verabschiedet werden Sie an der zweiten Spiegelwand wieder von attraktiven Mineralen aus Brasilien: Großstufen aus Pegmatitvorkommen wie zum Beispiel Turmalin und Rauchquarz, wobei sich in Letzterem bei genauerem Hinsehen viele Rutileinschlüsse erkennen lassen.

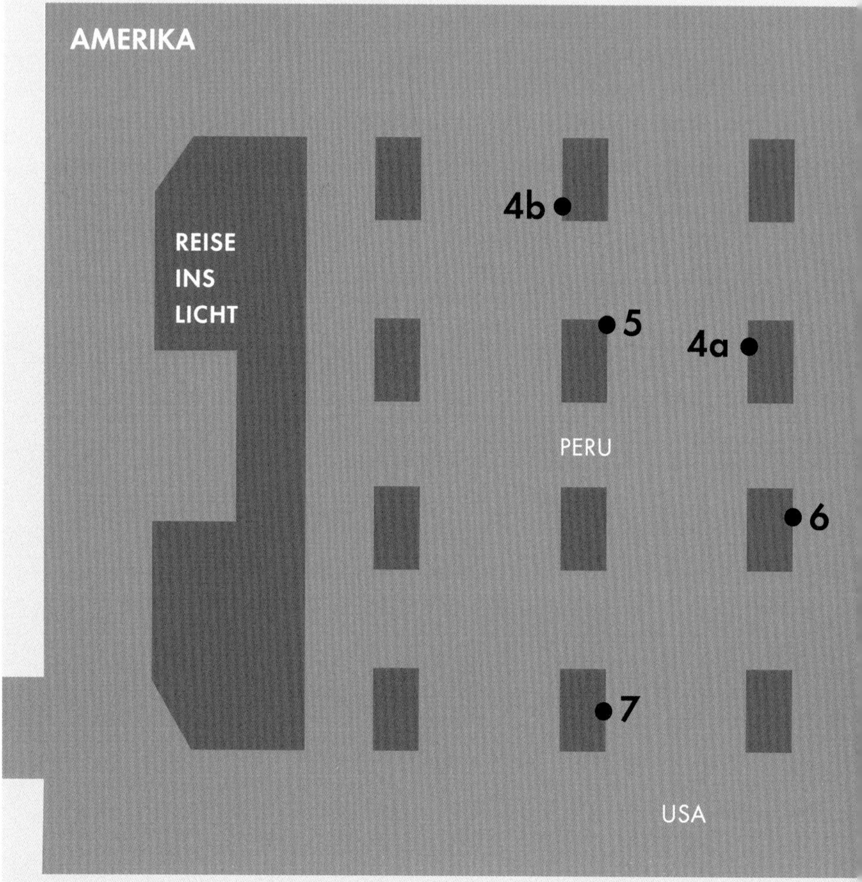
AMERIKA
REISE
INS
LICHT
4b
5
4a
PERU
6
7
USA

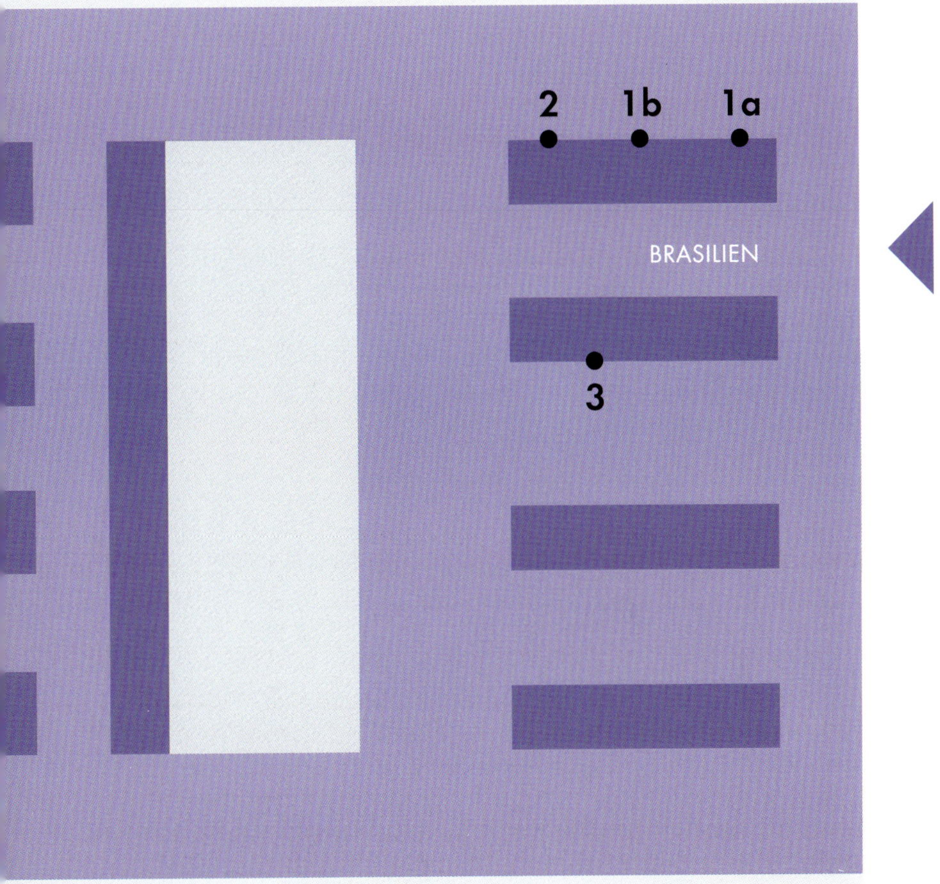
2
1b
1a
BRASILIEN
3

1A QUARZ, VARIETÄT BERGKRISTALL

Diamantina, Minas Gerais, Brasilien · 15 × 10,5 × 12 cm

1B QUARZ, VARIETÄT RAUCHQUARZ

Governador Valadares, Minas Gerais, Brasilien · 13 × 12 cm

Der Quarz ist ein weitverbreitetes Mineral. Man findet es fast überall: im Granit, in Kiesgruben und am Strand. Aber in Gesteinshohlräumen, in sogenannten Drusen, können sich einzigartige Stufen wie dieser Bergkristall bilden. Quarz besteht aus Silizium und Sauerstoff. Faszinierend ist dabei, dass das metallisch glänzende und undurchsichtige Element Silizium in Verbindung mit Sauerstoff ein völlig klares, farbloses Mineral bilden kann. Fast täglich begegnet es uns – in der Quarzuhr, im Ceran-Kochfeld, im Pflasterstein oder im Sandkasten. In der Bauindustrie und auch zur Herstellung von Keramik und Glas wird es verwendet. Quarz kann aber auch als Schleif- und Poliermittel eingesetzt werden, da er eine hohe Härte aufweist. Das macht ihn auch als Schmuckstein interessant. Insbesondere seine Varietäten Amethyst, Citrin, Rosenquarz oder Tigerauge werden zu begehrtem Schmuck verarbeitet.

Auch die Rauchquarzstufe kommt aus Minas Gerais in Brasilien. Minas Gerais heißt übersetzt »allgemeine Minen«, da diese Region für ihre Erz- und Edelsteinvorkommen berühmt ist. Rauchquarz ist eine der häufigsten Varietäten des Quarzes und weist eine durchsichtig-rauchgraue, bräunliche bis fast schwarze Färbung auf, welche durch natürliche radioaktive Strahlung entsteht.

Um ihn wertvoller erscheinen zu lassen, wird er im Schmuckhandel auch als »Rauchtopas« bezeichnet.

2 ELBAIT, VARIETÄT VERDELITH

Minas Gerais, Brasilien
10 × 6 cm

Der Name dieses Minerals leitet sich von seiner Farbe ab. *Verde* kommt aus dem Lateinischen und heißt »grün«. Seine wichtigsten Vorkommen liegen in Brasilien. Es handelt sich um eine Varietät des Minerals Elbait, das zur Turmalingruppe gehört. Die Namen der Varietäten leiten sich meistens von deren Farbe ab. Dazu zählen der bläuliche Indigolith, den Sie im Tresorraum unserer Schatzkammer bewundern können, der rosa Rubellit im Europa-Saal und farbenfrohe zonar gebaute Elbaite, die im Asien-Saal auf Sie warten. Turmaline gehören zu der Mineralgruppe der Silikate und enthalten ebenfalls Silizium und Sauerstoff, aber auch weitere Elemente sowie eine Reihe von Spurenelementen, die für ihre wunderschönen Farben verantwortlich sind. Für die grüne Farbe des Verdeliths kommen zum Beispiel sowohl Eisenoxid als auch Chromoxid und etwas seltener Vanadiumoxid infrage. Die Turmaline zeigen darüber hinaus eine Erscheinung, die sie besonders machen: Je nach Blickrichtung ändern sie ihre Farbe. Zum Beispiel erscheint der Verdelith in den Farbtönen grünblau oder grüngelb. Ein gelungener Edelsteinschliff hängt auch davon ab, ob dieses Farbenspiel zur Geltung kommt.

3 RUTIL

Novo Horizonte, Bahia, Brasilien
Detailaufnahme, Bildbreite 2,4 cm

Das letzte Mineral aus Brasilien, dem wir uns widmen, ist der Rutil. Häufig kommt er, wie hier, in Form von auskristallisierten Nadeln vor. Manchmal erinnern sie sogar an Weihnachtssterne aus Stroh und sind dann ausgesprochen wertvoll. Fast durchscheinende goldglänzende Rutilnadeln, eingeschlossen in farblose Quarze, werden wiederum als »Venushaar« bezeichnet und schon seit der Antike als Schmucksteine geschätzt. Der Mineraloge spricht dagegen von längsprismatischen Kristallen mit vertikalen Streifen. Bei Sammlern beliebt sind auch die gitterartigen Strukturen, die als Sagenit bezeichnet werden. Wirtschaftlich ist dieses Mineral von enormer Bedeutung, da es zu 60 Prozent aus Titan besteht. Dieses Leichtmetall ist sehr fest und vor allem korrosionsbeständig. Flugzeugbau, Raumfahrttechnik und Schiffsbau sind seine Anwendungsgebiete, genauso wie die Medizintechnik. Denn aus Titan werden künstliche Hüftgelenke und Prothesen hergestellt, da es vom Organismus nicht abgestoßen wird. Aber zu 90 Prozent wird es als Farbpigment verwendet – es liefert das berühmte Titanweiß. Das Mineral Rutil ist jedoch meistens rötlichbraun bis rot, sogar fast schwarz, selten auch violett, eingeschlossen in Quarz meistens goldgelb. Seinen Namen erhielt es 1803 von Abraham Gottlob Werner (1749–1817).

4A GIPS

Mina Naica, Chihuahua, Mexiko · 13 × 14 cm

4B ATACAMIT IN GIPS

Pisco Umay, Ica, Peru · 13,5 × 5 cm

4A Was Sie hier in Miniatur sehen, verhalf der Blei-Zink-Mine Naica im mexikanischen Bundesstaat Chihuahua im Jahr 2000 zu Weltruhm: 14 Meter lange, gut ausgebildete Gipskristalle in einem unterirdischen Hohlraum und damit die größten Kristalle der Erde! Wegen der extremen Bedingungen in der sogenannten »Höhle der Kristalle« – einer Temperatur von über 50 Grad Celsius und Luftfeuchtigkeit bis zu 100 Prozent – konnte diese Fundstelle nur mit speziellen Schutzanzügen betreten werden. Wissenschaftler aus sechs verschiedenen Nationen und acht Fachgebieten haben bis 2009 die Riesenkristalle untersucht. Anschließend wurde die Kaverne aus Sicherheitsgründen geschlossen.

4B Dieses Exponat sieht aus wie eine Landschaft, eingefroren in Glas. Es handelt sich aber um Gips mit Atacamit, einem Mineral, das nach der Wüste Atacama in Chile benannt wurde. Atacamit enthält neben Wasser, Sauerstoff und Chlor auch Kupfer, das die schöne grünliche Färbung verursacht. Je nach Bildungsbedingungen und Fundort variiert sie zwischen grasgrün, smaragdgrün und schwarzgrün. Die Strichfarbe ist hingegen apfelgrün. Als Kupfererz hat es aber keine wirtschaftliche Bedeutung. Ganz anders als der Gips: Seit der Antike wird Gips zu Bauzwecken verwendet. Seine Varietät Marienglas wurde gern zum Schutz von Altarbildern eingesetzt und Alabaster wird auch heute noch von Bildhauern zu Skulpturen verarbeitet.

5 PYRIT

Huanzala Mine, Huanuco, Peru
15 × 8 cm

Man mag es kaum glauben, aber bei diesen perfekt ausgebildeten, goldglänzenden Kristallen handelt es sich nicht um Gold. Es ist lediglich »Katzengold« oder »Narrengold« – so wird der Pyrit im Volksmund genannt, da er von unkundigen Abenteurern oft mit dem wertvollen Edelmetall verwechselt wurde. Tatsächlich enthält dieses Mineral neben Eisen und Schwefel geringe Mengen von Arsen, Nickel und Kupfer und manchmal auch Spuren von Gold. Man baut es vereinzelt nur noch ab, um Schwefelsäure zu gewinnen. Pyrit ist auf der ganzen Welt zu finden und seit der Steinzeit bekannt. Der Name kommt vom griechischen *pyr* und bedeutet »Feuer«, da Funken entstehen, wenn man mit Feuerstein auf Pyrit schlägt. Pyrit kommt in verschiedenen Kristallformen vor. An den Huanzala-Pyriten, die bei Sammlern besonders beliebt sind, ist dies besonders gut zu sehen. Sie bilden meistens Würfel, Oktaeder und Pentagondodekaeder aus. Letztere werden daher auch als Pyritoeder bezeichnet, da diese Form für den Pyrit besonders typisch ist. Die Streifungen auf den Kristallflächen, wie auch hier zu sehen, entstehen durch abwechselndes Wachstum als Würfel oder Pentagondodekaeder, bei dem sich am Ende der Würfel durchgesetzt hat.

6 WULFENIT

Ahumada, Chihuahua, Mexiko
Bildbreite 3,5 cm

Der Name dieses Minerals geht auf seinen Erstbeschreiber zurück, den österreichischen Naturforscher Franz Xaver Freiherr von Wulfen (1728–1805). Gefunden wurde das Mineral von ihm 1785 in Bad Bleiberg, im Bundesland Kärnten. Der Name der Ortschaft leitet sich tatsächlich von der großen Bleierzlagerstätte ab, die hier seit Jahrhunderten abgebaut wurde. Noch heute grüßen sich die Menschen in Bad Bleiberg genau wie in Freiberg mit dem bergmännischen »Glück auf!«.

Wulfenit enthält neben Blei auch reichlich Molybdän – zwei Metalle, die für viele Industriesparten sehr wichtig sind. Daher wurde das Mineral lokal als Erz abgebaut. Es besticht aber auch durch seine ungewöhnliche Schönheit. Die dünnen, quadratischen, manchmal auch durchsichtigen Tafeln, die das Mineral meistens in den Farben Gelb, Orange und Rot ausbildet, lassen sogleich an wunderschöne Schmuckstücke denken. Leider ist Wulfenit zu weich und daher für die Schmuckindustrie uninteressant. Nur sehr erfahrene Schleifer wagen sich an ihn heran und dann wird er zu einem begehrten Sammelobjekt. Auch bei diesem Mineral begegnen wir Abraham Gottlob Werner (1749–1817). 1789 erhielt das Mineral von ihm den nüchternen Namen Gelbbleierz, bevor es zu Ehren seines Erstbeschreibers viel später den Namen Wulfenit erhielt.

7 GALENIT

Sweetwater Mine, Ellington, Reynolds Co., Missouri, USA
11 × 15 cm, Sammlung Prof. Unland

Dieses Erzmineral wurde von der Menschheit schon sehr früh verwendet. Babylonier, Ägypter, Griechen und Römer haben daraus Blei gewonnen. Denn das Mineral, das solch hochglänzende Würfel ausbildet, ist weit verbreitet und enthält als wichtigstes Bleierz mehr als 80 Prozent Blei. Manchmal kann auch bis zu ein Prozent Silber enthalten sein, dann ist es wie in Freiberg ein wichtiges Silbererz. Blei ließ sich aus dem Galenit recht einfach gewinnen, denn zum Schmelzen des Erzes reichte ein Lagerfeuer. Die Babylonier stellten daraus Gebrauchsgegenstände wie Bleivasen her. In Ägypten wurde es als feines Pulver zum Schminken der Augen benutzt und die Römer verkleideten ihre Wasserleitungen mit Blei und legten Bleibleche auf ihre Hausdächer. Letztlich ist auch die Bezeichnung »Galena«, die als Bleierz übersetzt wird, durch den römischen Gelehrten Plinius (23 – 79 n. Chr.) den Älteren überliefert. Im 16. Jahrhundert war aufgrund seines hohen metallischen Glanzes schlicht das bergmännische Wort »Glanz« üblich. Erst Abraham Gottlob Werner (1749 – 1817) prägte den Begriff »Bleiglanz«. Um 1850 kam der heute offizielle Name in Gebrauch: Galenit. Inzwischen wird Blei vor allen Dingen zur Herstellung von Autobatterien verwendet sowie im Strahlenschutz eingesetzt. Geschliffenes Bleikristallglas erhält durch den Zusatz von bis zu 25 Prozent Bleioxid ein besonderes Funkeln.

EXPEDITION »REISE INS LICHT«

Bevor Sie den Amerika-Saal in Richtung Renaissancetreppenhaus und Asien-Saal verlassen, sollten Sie neugierig sein und unbedingt rechts neben der Ausgangstür hinter den schwarzen Vorhang mit den weiß aufgedruckten Kristallstrukturen schauen.

»Die Finsternis verbirgt die Welt, das richtige Licht bringt die Erkenntnis« – in der kleinen, dunklen Kammer ist das Phänomen der Lumineszenz zu erleben. Rund 90 Minerale ruhen im schummrigen Licht – unscheinbar, grau und gewöhnlich, bis sie abwechselnd mit kurz- und langwelligem UV-Licht bestrahlt werden. Dann erleben Sie ein Feuerwerk der Farben! Die Stufen fluoreszieren intensiv lila, blau, rosa, gelb, grün oder rot. Allerdings nur für die kurze Zeit, in der sie dem UV-Licht ausgesetzt sind. Wenn Sie genau hinsehen, können Sie bei einigen Exponaten noch ein kurzes Nachleuchten, die Phosphoreszenz, erkennen. In der Vitrine auf der rechten Seite ist dies bei einem Skapolith aus Afghanistan besonders gut zu sehen, der gelb wie eine Glühbirne leuchtet. Das spektakuläre Farbschauspiel können Sie mehrmals hintereinander erleben, denn der Lichtwechsel erfolgt ohne Pause in Intervallen. Vor allem in den Mineralen enthaltene Spurenelemente oder Strukturdefekte rufen den Lumineszenz-Effekt hervor, bei einigen Mineralen ist er bereits durch deren Chemismus bedingt. Dieser Effekt dient Mineralogen, um Rückschlüsse auf Bildungsbedingungen der Minerale ziehen zu können. Auch Mineralsammler machen ihn sich zunutze, wenn sie – bei Nacht – nach Mineralen suchen.

Aus der Dunkelheit geht es dann zurück ins Licht der Ausstellung und nur wenige Schritte durch das Treppenhaus hinüber in den nächsten Saal. Dort erwartet Sie der Zauber Asiens. Auf Ihrem Weg dorthin sollten Sie links einen Blick aus dem Panoramafenster in den Schlossinnenhof werfen. Auf dem Boden sind verschiedene Kristallformen des kubischen Kristallsystems gut zu erkennen.

ASIEN & AUSTRALIEN

EXPEDITION »GULLIVERS REISEN«

Der Asien-Saal empfängt Sie mit hohen und langen Vitrinen, die wahre Schluchten und Täler bilden und damit dem Himalaya als höchstem Gebirge der Welt nachempfunden sind.

In der Mitte des großen Saals bietet »Gullivers Reisen« eine Expedition vom Makro- in den Mikrokosmos am Beispiel des Minerals Fluorit. Ihr Weg beginnt im sogenannten Drusengang, der Ihnen einen Eindruck von der Fundsituation unter Tage vermitteln soll. Sie befinden sich hier in einer nachgestellten bergmännischen Auffahrung des Blei-Zink-Bergwerks Maiwang in der chinesischen Provinz Hunan.

Nach den Drusen im Maßstab 1:1 führt nun eine Filmreise ins Innere eines Fluoritkristalls. Das 3D-Format erlaubt den Zuschauern, immer tiefer in den Kristall einzutauchen. Im angrenzenden begehbaren Atommodell ist die Kristallstruktur im Maßstab 1:1,4 Milliarden hautnah zu erleben. Klettern Sie hinein und verweilen Sie mitten in der scheinbar unendlichen Aneinanderreihung von Fluor- und Calcium-Ionen, den Bausteinen des Fluorits.

In der Außenwand von »Gullivers Reisen« befinden sich weitere Präsentationen, welche die Vielfältigkeit des Fluorits veranschaulichen. Neben den häufigsten Kristallformen werden die Ursachen der unterschiedlichen Farben, in denen er uns begegnen kann, erläutert. Vier weitere Vitrinen widmen sich Experimenten zum Kristallwachstum.

DRITTE STATION:

ASIEN AUSTRALIEN

MIT DER EXPEDITION »GULLIVERS REISEN«

Nach »Gullivers Reisen« erwarten Sie rund 1100 mineralogische Kostbarkeiten aus China, Indien, Australien und dem Edelsteingürtel Afghanistan und Pakistan. Minerale aus China überwiegen dabei in diesem Saal. Erst seit Mitte der 1990er Jahre bereichern chinesische Funde den Mineralienmarkt, sodass die Stifterin einen Großteil der Stufen erst in jüngerer Zeit erwerben konnte. Aus Hunan, der derzeit lagerstättenreichsten chinesischen Provinz, fallen die intensiv grün gefärbten Fluoritwürfel, die bizarren Zepterquarze sowie die ungewöhnlich gefärbten Calcite ins Auge. Sehenswert sind auch die Stufen mit Erzmineralen wie Sphalerit und Wolframit.

Weitere Provinzen Chinas, wie beispielsweise Fujian, das mit auf Rauchquarzkristallen aufgewachsenem Spessartin glänzt, beweisen, dass dieses große Land nicht nur über zahlreiche Lagerstätten verfügt, sondern die dort vorkommenden Minerale einen unermesslichen Farben- und Formenreichtum besitzen. Denn die Provinz Jiangxi wird durch filigrane und karminrote Chalkotrichitkristalle präsentiert, der haarförmigen Varietät des Minerals Cuprit. Hinzu kommt Sichuan mit orangeroten Scheeliten und Yunann mit großen Smaragden. Am Beispiel der grünen Pyromorphite aus der Provinz Guangxi wird der Charakter der Sammlung

Pohl-Ströher deutlich: Die Sammlerin erfreute sich an allen Farbnuancen und Erscheinungsformen von Mineralen.

In der Mitte des Raumes befindet sich ein attraktives Unikat – ein metergroßer Shiva Lingam. Dieser indische Sandstein mit seiner glatten und marmorierten Oberfläche wird seit Jahrtausenden als Fruchtbarkeitssymbol angebetet. Er ist noch heute häufig in Tempeln zu Ehren des Gottes Shiva zu finden. Indien erfreut Sie außerdem mit Mineralen aus Drusen im Basalt des Dekkan-Plateaus im Bundesstaat Maharashtra. Dort lagern vulkanische und subvulkanische Gesteine, die vor etwa 65 Millionen Jahren infolge plattentektonischer Vorgänge entstanden sind. Die darin perfekt auskristallisierten Drusen wurden beim Abbau in Basaltsteinbrüchen sowie beim Brunnen- beziehungsweise Tunnelbau entdeckt. Dabei handelt es sich vorwiegend um Zeolithe wie Skolezit, Mesolith, Heulandit und Stilbit oder auch andere Silikate wie Apophyllit und Cavansit. Weiterhin wurden wunderschöne Calcite gefunden.

Eine kleine, aber feine Kollektion von Mineralen repräsentiert Australien. Schon

von Weitem lenken die weltbesten Krokoite aus Tasmanien, einer Insel südlich von Australien, durch ihre intensive gelborange bis feuerrote Färbung die Aufmerksamkeit auf sich. Ähnlich spektakulär ist das Farbfeuerwerk der Edelopale auf der Rückseite dieser Vitrine. Australien gilt als weltweit bedeutendster Lieferant für Edelopale in Schmuckqualität. Eine Besonderheit gibt es dabei noch zu entdecken: einen opalisierten Knochen.

Aus den Hochgebirgen Pakistans und Afghanistans können vor allem Edel- und Schmucksteine wie Topas, Turmalin, Beryll und Rubin bewundert werden. Aus dem Norden von Afghanistan kommt der königsblaue Lapislazuli – einer der ältesten Schmucksteine der Welt. In dieser Vitrine sind außerdem fast alle Varietäten von Beryll zu entdecken: farbloser Goshenit, rosa Morganit, blauer Aquamarin und grüner Smaragd. Der große meeresblaue Aquamarin, der weiter vorn zu sehen ist, gilt als eine der schönsten Stufen weltweit. Daneben lohnt sich auch ein Blick auf den pinkfarbenen Kunzit, eine Varietät des Lithiumminerals Spodumen. Hier handelt es sich um einen der größten Kristalle seiner Art.

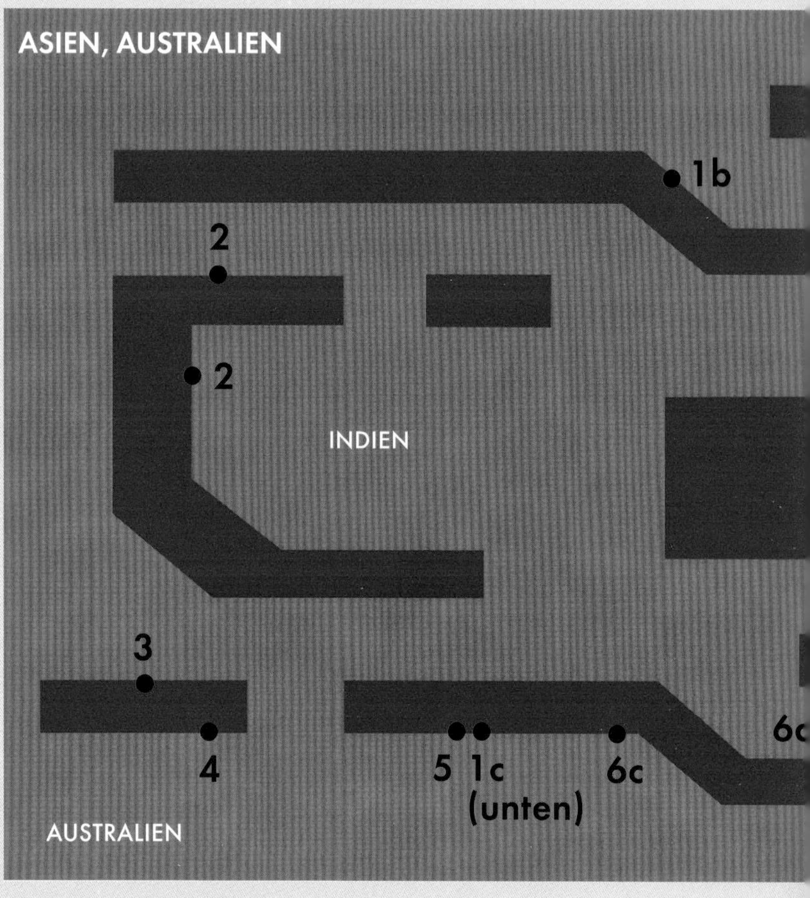
ASIEN, AUSTRALIEN
1b
2
2
INDIEN
3
4
5
1c
(unten)
6c
6c
AUSTRALIEN

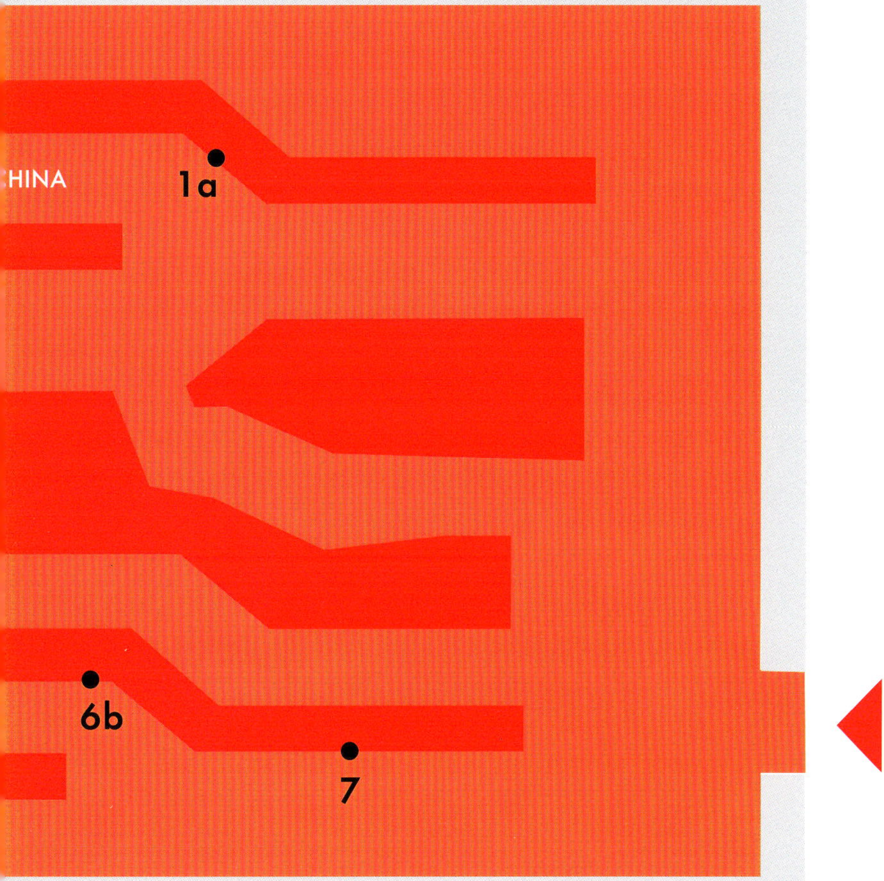
HINA
1a
6b
7

1A FLUORIT

Wushan, De'an, Jiangxi, China
5 × 4,5 cm, Kristallgröße bis 3,2 cm

Der Fluorit ist das farbenfroheste Mineral der Welt: Er verblüfft in nahezu allen Farben des Regenbogens. Die Ursachen für diese Vielfalt sind unterschiedlich: Spurenelemente oder kleine Defekte in der Kristallstruktur, hervorgerufen zum Beispiel durch radioaktive Strahlung. Die violette Farbe ist eine der häufigsten und wird auf den Beta-Anteil (Elektronen) der radioaktiven Strahlung und meist auf das Vorhandensein von Natrium zurückgeführt. Auf der Rückseite von »Gullivers Reisen« erfahren Sie mehr über diese natürlichen Farbursachen. Die Kristallformen beschränken sich hauptsächlich auf Würfel und Oktaeder, manchmal auch in Kombination von beiden. Häufig werden Sammlerobjekte in China direkt durch Stufenbergbau gewonnen. Niedrige Lohnkosten und mittlerweile hohe Verkaufspreise machen dieses Geschäft lukrativ.

Es ist daher kaum vorstellbar, dass der von den Sammlern wegen seiner Ästhetik gefragte Fluorit gleichzeitig eines der wichtigsten Industrieminerale überhaupt ist. Metallurgie, optische, keramische und vor allem chemische Industrie – sie alle können auf den Fluorit nicht verzichten. Er wird für die Herstellung von lösemittelresistenten Kunststoffen in der Automobilindustrie und moderner regendichter atmungsaktiver Bekleidung als Fluorrohstoff genutzt, aber auch als Schlackebildner bei der Herstellung von Spezialstählen.

1B FLUORIT, MUSKOVIT

Yaogangxian Mine, Yizhang, Hunan, China

18 × 11 cm, Kristallgröße bis 4,5 cm

1C FLUORIT, AQUAMARIN, MUSKOVIT

Nagar, Gilgit, Pakistan

Kristallgröße 10 × 10 × 8 cm

2 CAVANSIT, STILBIT

Wagholi, Pune, Maharashtra, Indien
Ausschnitt 10 × 6 cm

Wie von Künstlerhand arrangiert, wirkt der Kontrast zwischen den türkisblauen Cavansit-Kugeln und den weiß glänzenden Stilbitkristallen. Beide Minerale sind Silikate und ihr derartiges gemeinsames Auftreten ist typisch für den Fundort bei Pune. Der Name des seltenen Cavansits ist ein Kunstwort und setzt sich aus den Anfangsbuchstaben der am Chemismus beteiligten Elemente zusammen: Calcium, Vanadium und Silizium.

Der häufige Stilbit wiederum gehört zur Mineralgruppe der Zeolithe. Das kommt aus dem Griechischen, in dem *zeein* Sieden heißt und *lithos* Stein, also »siedender Stein«. Denn beim Erhitzen entweicht Wasser, das rund 40 Prozent ihres Trockengewichts ausmachen kann. Dieses Wasser ist in den kanalartigen Hohlräumen der Zeolithstruktur enthalten. Dabei ist kaum vorstellbar, dass die gesamte innere Oberfläche eines ein Gramm schweren Zeolithkristalls so groß ist wie vier Tennisfelder! Aufgrund dieses Kristallaufbaus ist die Mineralgruppe äußerst nützlich für die Industrie. In den Hohlräumen können sich Ionen frei bewegen. Synthetische Zeolithe helfen in modernen Waschmitteln bei der Wasserenthärtung, da hierbei Calcium-Ionen ausgetauscht werden. Auch als molekulare Siebe werden Zeolithe eingesetzt, zum Beispiel in Erdölraffinerien. Hier trennen die Zeolithe die verschiedenen Kohlenwasserstofffraktionen des Erdöls.

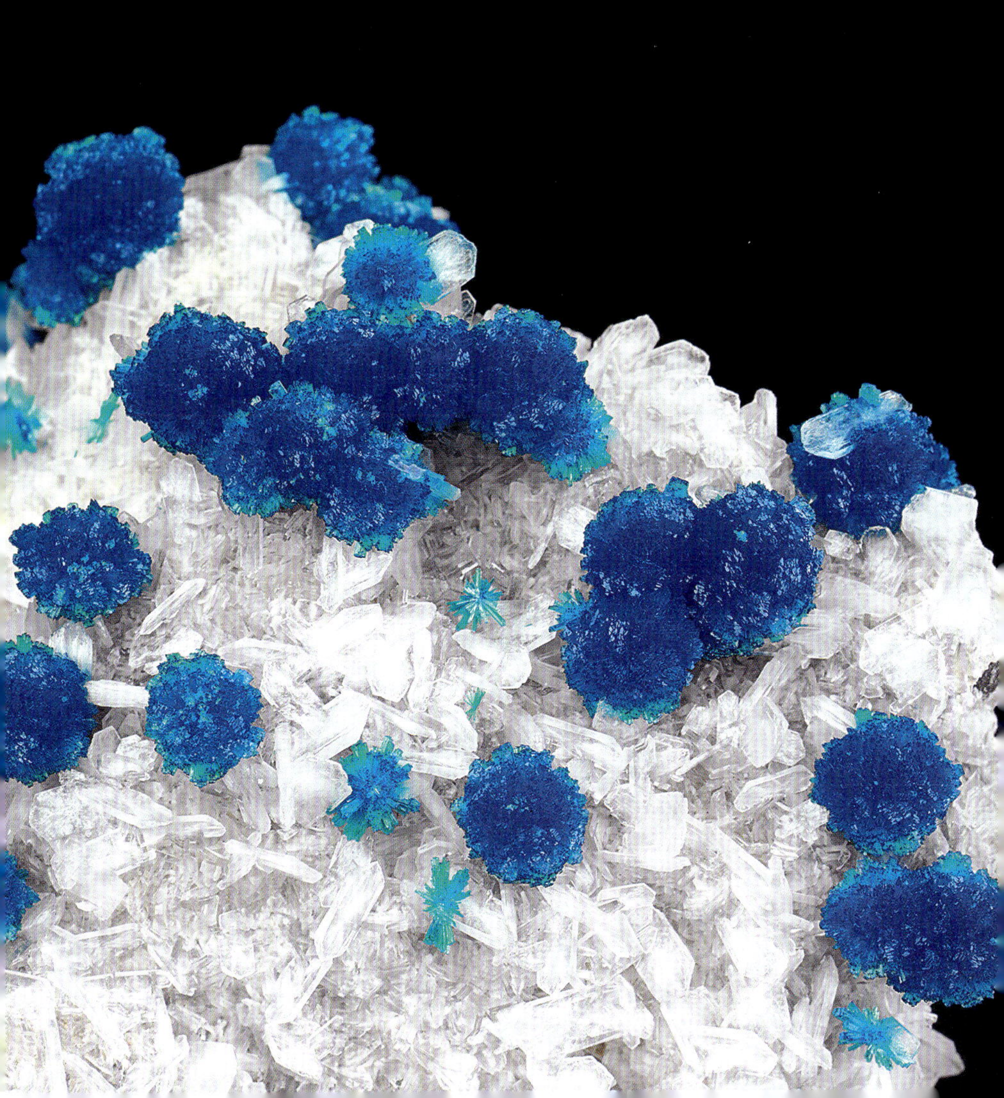

3 KROKOIT

Adelaide Mine, Dundas, Zeehan, Tasmanien, Australien
13 × 8 cm, Kristallgröße bis 2,5 cm

In nennenswerter Größe, Menge und Schönheit kommt dieses Mineral weltweit nur in drei Fundorten vor. Neben der australischen Insel Tasmanien und Beresowsk im Ural in Russland tritt es nur noch in Callenberg am Südrand des Granulitgebirges in Sachsen auf. Heimische Krokoite können Sie in der Mineralogischen Sammlung Deutschland im benachbarten KRÜGERHAUS sehen. Das Mineral ist deshalb so selten, weil sich hier zwei Elemente treffen, die sich in der Natur eigentlich nie begegnen: Blei und Chrom. Sie haben völlig unterschiedliche geochemische Eigenschaften, denn Blei ist normalerweise an saure, Chrom dagegen an basische und ultrabasische Gesteine gebunden. Der geologische Zufall hat es gefügt, dass ein Bleierzgang ein chromhaltiges Gestein durchschlagen hat. Im gemeinsamen Verwitterungsprozess standen diese Elemente in Lösungen zur Bildung von neuen Mineralen, wie dem Bleichromat Krokoit, zur Verfügung.

Die Entstehung des Mineralnamens ist ebenfalls interessant. Seine attraktive orangerote Farbe ähnelt der des Safrans. Safran ist ein begehrtes und teures Gewürz und dient auch als Farbstoff. Es sind die Blütenstempel der Krokos-Pflanze *Crocus sativus*, die im Mittelmeerraum vorkommt. Krokoitkristalle sind sehr filigran, teilweise hohl und extrem zerbrechlich. Die hier ausgestellten Stufen gehören zu den besten der Welt.

4 EDELOPAL

Yowah, Queensland, Australien, 6 × 5 cm
Mineralogische Sammlung TU Bergakademie Freiberg

Als eines der wenigen Minerale bildet Opal keine Kristalle aus. Genau wie der Quarz besteht der Opal aus Siliziumdioxid. Chemisch gesehen sind sie also identisch. Aber der Opal ist ein amorphes Mineral, sprich er hat keine Kristallstruktur. Er ist aus winzig kleinen Kieselgelkügelchen aufgebaut, die beim Edelopal besonders regelmäßig in Schichten angeordnet sind. Zwischen den Kügelchen gibt es »Hohlräume«, die unter anderem mit bis zu 20 Prozent Wasser ausgefüllt sind. Das faszinierende Farbenspiel entsteht durch Beugung des Lichtes an diesen Schichten. Opale werden in Australien aus einem kieselsäurehaltigen Gel, das bei Verwitterungsprozessen entsteht, abgeschieden. Er bildet Knollen, tropfsteinartige Gebilde, Verkrustungen oder Adern.

Bereits seit der Antike ist er mit seinen Varietäten bekannt. Besonders selten und begehrt sind die Edelopale in dunklen Farben. Ein Abbau zu kommerziellen Zwecken findet nur an ganz wenigen Fundstellen weltweit statt, zum Beispiel in Australien, Mexiko und Äthiopien, wobei etwa 95 Prozent der Opale aus Australien kommen. Ein Tipp für alle Freunde von Opalschmuck: Regelmäßig am Körper getragen, wird das Mineral vor dem Austrocknen bewahrt und das Farbenspiel bleibt erhalten.

5 RUBIN IN MARMOR

Nangimali, Muzaffarabad, Azad Kashmir, Pakistan
Kristallgröße 9,5 cm

Rubine werden seit fast 3000 Jahren abgebaut und gelten als »Edelsteine der Kaiser und Könige«. Man verehrte sie schon in Indien und im Alten Ägypten. Auch in der Bibel wurde der Rubin erwähnt, wobei der Name, abgeleitet vom Lateinischen *ruber* – »rot«, erst im Mittelalter aufkam. Rubin ist die rote Varietät des Aluminiumoxids Korund. Geringe Mengen an Chrom, die einige Aluminiumatome des farblosen Korunds ersetzen, verursachen die rote Farbe des Rubins. Je höher der Chromanteil, umso intensiver das Rot. Allerdings stört Chrom das Kristallwachstum. Große, durchsichtige Rubine sind daher sehr selten. Spuren von Eisen verwandeln den Korund hingegen in einen blauen Saphir, einen »Verwandten« des roten Edelsteins.

Der Rubin kommt nicht nur in metamorphen Gesteinen wie Gneis oder wie bei unserem Beispiel in Marmor vor, sondern auch in magmatischen Gesteinen wie Granit und Pegmatit. Wenn Bruchstücke dieser Gesteine über lange Zeit und lange Wege durch Flüsse transportiert werden, bleiben nur die widerstandsfähigen Rubine und andere Schwerminerale erhalten. Entsprechend sind die für die Schmuckindustrie interessanten Vorkommen vorwiegend in Flusssedimenten zu finden. Trübe Kristalle wie hier werden durch Cabochonschliff veredelt, der Facettenschliff bleibt den klaren Stücken vorbehalten.

6A GOLDBERYLL

Fuyun, Xinjiang, China
5,3 × 2 cm

Jeder kennt den grünen Smaragd – einen der seltensten und teuersten Edelsteine überhaupt. Er gehört zur Gruppe der Berylle, die noch andere, nicht minder attraktive Edelsteine umfasst. Was macht sie aber zu Edelsteinen? Es sind vor allem fünf Dinge: ihre Seltenheit, ihre Klarheit, ihre Farbintensität, ihre hohe Brechzahl und natürlich die Härte, vereint in einem Stück. Ab der Härte 8 auf der zehnstufigen Mohs'schen Härteskala spricht man von einem Edelstein. Dann kann er in Form geschliffen und zu Schmuck verarbeitet werden.

Zu finden sind die Berylle meistens in Pegmatiten, also sehr grobkörnigen magmatischen Gesteinen. Smaragde treten wiederum vorwiegend in metamorphen Gesteinen auf. Alle Varietäten von Beryll können auch in Seifenlagerstätten auftreten. Die bekanntesten Regionen mit Beryllvorkommen sind der Himalaya, Kolumbien, Brasilien, Madagaskar, Nigeria, das Uralgebirge in Russland und die USA. Kristalle mit entsprechender Qualität sind für die Schmuckindustrie von Interesse.

Die Mehrheit der Berylle wird aber für die Gewinnung von Beryllium verwendet, weil dieses Element als Leichtmetall für die Flugzeugindustrie und als Neutronenfänger für Kernreaktoren gebraucht wird.

6B SMARAGD, QUARZ, MUSKOVIT

Dayakou, Malipo, Yunnan, China

Bildausschnitt 17 × 14 cm

6C AQUAMARIN, MUSKOVIT

Nagar, Gilgit, Pakistan

15 × 9 cm

7 PYROMORPHIT

Daoping Mine, Gongcheng, Guangxi, China
9,5 × 6 cm, Kristallgröße bis 1 cm

Die auffällig satten Farben und besonderen Formen der Kristalle des Pyromorphits sind bei Sammlern sehr beliebt. Aufgrund seiner häufigsten Farbtöne wurde das Mineral von den Bergleuten auch als Grün- oder Braunbleierz bezeichnet. Das Bleimineral kann aber auch orange, gelb oder sogar farblos sein. Seine Strichfarbe ist jedoch unabhängig von der Mineralfarbe immer weiß. Von den hexagonalen Kristallen sind die tönnchenförmigen die begehrtesten. Im benachbarten KRÜGERHAUS können Sie eine der größten Stufen mit den »Emser Tönnchen« aus dem Lahn-Tal nördlich des Taunus bewundern. Pyromorphit kann aber auch traubig, nadelig und sogar tafelig auftreten.

Gebildet wird er in der Oxidationszone von Bleierzvorkommen als ein typisches Sekundärmineral durch chemische Verwitterung aus Galenit und Phosphat-Ionen des umgebenden Gesteins. Das Mineral selbst war nur in der Vergangenheit ein wirtschaftlich interessanter Bleilieferant. An der Typlokalität bei Zschopau im Erzgebirge wurden aber bereits ab 1808 Stufen nur für Sammlerzwecke abgebaut. *Pyr* heißt auf Griechisch »Feuer«, *morph* steht für »Form«. Der Name spielt letztlich aber nicht auf seine Form, sondern auf die Eigenschaft an, vor dem Lötrohr zu Kügelchen zu schmelzen und bei der Erstarrung der Schmelze wieder kristalline Formen anzunehmen.

AFRIKA

VIERTE STATION:

AFRIKA

MIT DER EXPEDITION »ZEITREISE«

Nach den Schluchten Asiens bietet sich Ihnen nun ein ganz anderes Bild. Die Vitrinen scheinen auf Stelzen luftig und in lockerer, mäandrierender Anordnung zu schweben. Sie erinnern dabei an Fischerhäuschen am Ufer großer Flüsse in den weiten Ebenen Afrikas. So exotisch, vielfältig und farbintensiv wie der Kontinent erstrahlen dabei auch die Minerale aus Marokko, Südafrika, Madagaskar, Tansania, Äthiopien, dem Kongo und Namibia. Ursache für deren Farbenvielfalt sind Metalle und Spurenelemente, welche durch Verwitterungsprozesse meist in Oberflächennähe unter Einfluss von Sauerstoff, Wasser und Mikroorganismen im Bereich der Oxidationszone freigesetzt wurden und neue Minerale bildeten.

Einige der Fundregionen können als Landschaftsmodelle auf den Vitrinen betrachtet werden. Mit etwas Fantasie kann man sich vorstellen, dass der Mineralschatz, der in den Vitrinen darunter gezeigt wird,

einmal in der Erde verborgen war. Dabei sind besonders zahlreiche Stufen aus dem südwestafrikanischen Namibia präsent. Es ist das Lieblingsland der Stifterin Dr. Erika Pohl-Ströher. Sie war 14 Mal dort und suchte die bekanntesten Fundstellen und Bergwerke auf, um Minerale selbst zu sammeln oder bei Bergleuten direkt vor Ort zu erwerben.

In der ersten Vitrine links vorn leuchten Ihnen gleich herrliche Vanadinitkristalle in verschiedenen Rottönen aus der Fundstelle Mibladén im Norden von Marokko entgegen. Die sekundären Blei-, Kupfer- und Kobaltminerale in den ersten drei Vitrinen bilden den Auftakt für das Feuerwerk der Farben, welches die Besucher durch den gesamten Saal begleiten wird. Der Wulfenit erstrahlt in Gelb bis Orange, der Anglesit in Weiß bis Gelb, der Azurit in Blau sowie der Erythrin in Rotviolett und der kobalthaltige Calcit in Rosa. Das Relief auf der Vitrine zeigt Touissit, eines der ältesten Bergbaugebiete Marokkos. Von hier stammen spektakuläre Stufen, wie zum Beispiel der auf einem Anglesitkristall sitzende Cerussit-Zwilling, Pseudomorphosen von Malachit nach Azurit sowie die eigentümliche Gipslocke.

Südafrika ist vorwiegend mit Mineralen aus den Manganerzfeldern der Kalahari-Wüste vertreten. Im Gegensatz zu den bisher gesehenen Sekundärmineralen sind hierbei vor allem hydrothermal entstandene Primärminerale ausgestellt. Besonders stechen hier die stark glänzenden Hämatitkristalle und die oktaedrischen Kristalle des Hausmannit heraus. Eine hohe Qualität besitzen außerdem die Rhodochrosite mit Nuancen von Zartrosa bis Dunkelrot. Auch der Inesit reiht sich in die rote Farbenpracht ein. Der kanariengelbe Ettringit und der farblich unauffälligere Sturmanit erreichen zudem für ihre Mineralarten eine beträchtliche Größe. Weitere interessante Fundstellen Südafrikas sind ebenfalls vertreten: Aus Riemvasmaak kommt leuchtend grüner Fluorit, aus der Messina Mine stammen Quarzkristalle mit blauen Einschlüssen von Papagoit und Ajoit sowie aus Boekenhoutshoek der violette Kaktusamethyst.

Bemerkenswert, aber nicht auf den ersten Blick erkennbar sind die wie mit Kakaopuder bestäubten hohlen Kristalle aus Aggeneys. Ursprünglich war dies ein hauchdünner Belag von Siderit auf Calcitkristallen, welcher übrig blieb, nachdem der Calcit weggelöst wurde. So entstanden die hohlen Formen, die als Perimorphosen bezeichnet werden.

Im Uhrzeigersinn gehen Sie weiter zu den Vitrinen des Kongo. Hier dominiert die Farbe Grün, denn wir befinden uns im zentralafrikanischen Kupfergürtel. Die Lagerstätten in der Provinz Katanga zählen zu den weltweit wichtigsten Kupfervorkommen, aber auch Kobalt- und Uranerze werden hier im großen Stil gefördert. Entsprechend gilt die Region als Lieferant für die meisten Malachite, die aktuell auf dem Weltmarkt zu kaufen sind. Hinzu kommen außergewöhnlich schöne Stufen von Chrysokoll und Carrollit. Letzterer ist sehr selten und in dieser beeindruckenden Größe und perfekten Ausbildung nur von dort bekannt. Aber auch im Niari-Tal bei Brazzaville gibt es bedeutende Kupferlagerstätten, aus denen uns hier herrliche Dioptase begegnen.

Der restliche Saal zeigt nun die Minerale aus Namibia. Dabei kommt der Großteil der Funde aus der berühmten Tsumeb Mine. Sie ist eine der mineralreichsten Fundstellen der Welt: Von hier sind bisher fast 300 verschiedene Minerale bekannt und bei circa 70 von ihnen handelt es sich um weltweite Erstbeschreibungen. Die große Zahl von Sekundärmineralen bildete sich in der spurenelementreichen Kupfer-Blei-Zink-Lagerstätte durch intensive chemische, karstartige Verwitterung bis über 1000 Meter Tiefe. In diesem enormen Bereich kam es mehrfach zur Bildung und zur Auflösung von Mineralen, sodass hier eine Vielzahl von Pseudomorphosen entstehen konnte.

Allein in sechs Vitrinen sind dazu außerordentlich bemerkenswerte Stufen zu bewundern. Die Azurite in Königsblau bis Schwarzblau zählen ebenso wie ihre Umwandlungen in Malachit zu den weltbesten ihrer Art. Weitere Highlights sind der gelbe Mimetesit und der Smithsonit in einer Farbenfülle von weiß über grün bis rosa. Der bereits bekannte Wulfenit zeigt sich hier zudem über Gelb hinaus in weiteren Farben. Gediegenes Kupfer erscheint in moos- und skelettartigen Formen, während der rötliche Cuprit vollkommene Oktaeder und der Cerussit schneeflockenförmige Drillinge bildet. Eine Besonderheit ist der Erikapohlit, ein 2013 erstbeschriebenes Mineral, das nach der Stifterin Erika Pohl-Ströher benannt wurde.

Vom Gebirgsmassiv des Erongo kommen zahlreiche Aquamarine und der schwarz glänzende Schörl-Foitit, die gemeinsam in den letzten beiden Vitrinen zu entdecken sind.

EXPEDITION »ZEITREISE«

Welche Minerale wurden durch ihre Verwendung bedeutungsvoll für die Entwicklung des Menschen? Darauf gibt Ihnen die »Zeitreise« anhand verschiedener Minerale vom Anfang der Menschheitsgeschichte bis zur Moderne eine Antwort. Denn sie repräsentieren wichtige Meilensteine unserer Kulturgeschichte. Interessant dabei ist, dass sich im Laufe der Zeit auch die Verwendung ein und desselben Minerals und damit seine Bedeutung geändert haben. Eindrucksvoll zeigen dies die Minerale der Siliziumdioxid-Familie: Der Feuerstein war das erste Gestein, das bereits in der Steinzeit bergmännisch abgebaut wurde. Reinen Quarz wiederum macht man sich seit über 3000 Jahren zur Glasherstellung zunutze. Heute ist er Taktgeber in den Quarzuhren und Siliziumrohstoff für die Halbleiterindustrie. In die »Zeitreise« integriert wurden außerdem Experimente, bei denen Ihnen faszinierende Mineraleigenschaften vorgestellt werden.

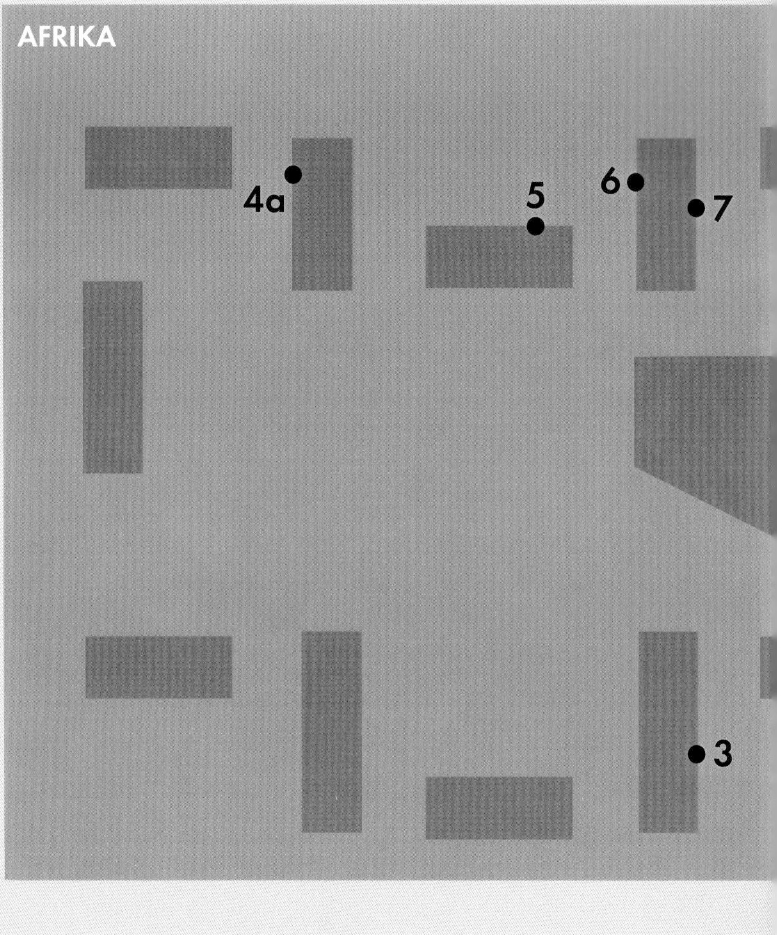
AFRIKA
4a
5
6
7
3

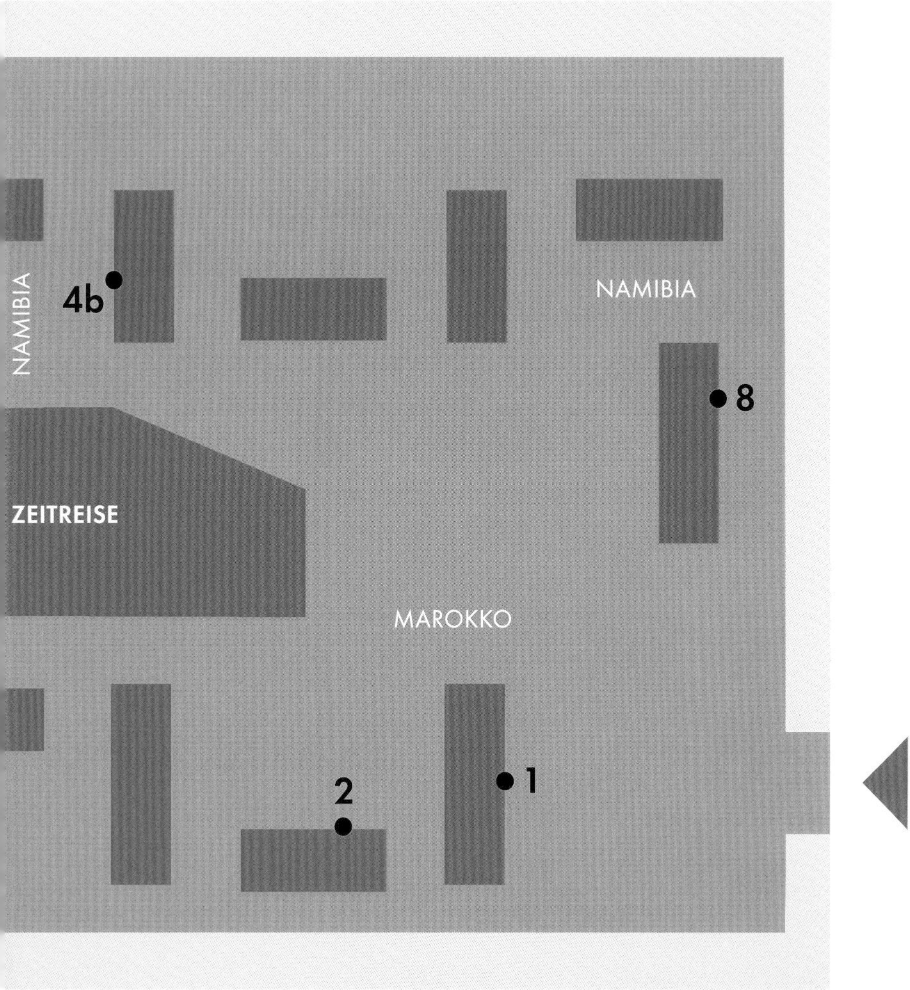
NAMIBIA
4b
NAMIBIA
8
ZEITREISE
MAROKKO
2
1

1 VANADINIT

Mibladén, Marokko
Detailaufnahme, Ausschnitt 5,5 × 2 cm

Mibladén gilt als ein Mekka für Mineralsucher, da es die bislang weltbesten Vanadinitstufen lieferte – die allerdings nur mit Genehmigung des Königs geborgen werden durften. Die prismatischen Kristalle leuchten in kräftigen Rottönen. Neben Vanadium enthält das seltene Mineral Blei und Chlor und kann daher in der Oxidationszone sulfidischer Bleilagerstätten vorkommen.

Die Entdeckung dieses Minerals war ein wenig abenteuerlich: Ein spanischer Mineraloge entdeckte es in Mexiko und sandte Muster sowie seine Aufzeichnungen an seinen Freund Alexander von Humboldt (1769 – 1859), um es weiter untersuchen zu lassen. Von 1804 bis 1808 war Humboldt in Mexiko und verlor auf der Rückreise nach Europa bei schwerem Seegang die Kiste mit den Aufzeichnungen. Daher wird noch heute in manchen englischsprachigen Büchern angegeben, dass das Typmaterial von der Erstbeschreibung als »lost at sea« gilt. Die offizielle Entdeckung musste somit einem anderen Wissenschaftler rund 30 Jahre später zugeschrieben werden.

Etwa 80 Prozent des Vanadiums werden für die Stahlherstellung verwendet. Bereits kleine Mengen an Vanadium bewirken, dass der Stahl besonders fest und zäh wird. Bei medizinischen Instrumenten und rostbeständigen Werkzeugstählen ist dies besonders wichtig. Weitere moderne Anwendungen sind supraleitende Magnete und der Flugzeugbau.

2 ANGLESIT

Touissit, Oujda-Angad, Marokko
7,5 × 6 cm

Das Bleisulfat Anglesit wurde erst im 18. Jahrhundert nach seinem Entdeckungsort, der walisischen Insel Anglesey benannt, obwohl die Römer bereits im Jahr 43 n. Chr. Britannien wegen seiner Bodenschätze eroberten und die Bleierzlagerstätten dabei von besonderem Interesse waren. Als Sekundärmineral bildet es sich aus Galenit. Anglesitkristalle, die auf Galenit aufgewachsen sind, kommen daher recht häufig vor. Bei den hier ausgestellten Anglesitktufen fallen vor allem die unterschiedlichen Gelbnuancen auf, wobei reiner Anglesit eigentlich farblos und durchsichtig ist. Abstufungen in Gelb, Grau oder Grün entstehen durch Einbau von Spurenelementen.

Die aus Marokko stammenden Anglesitstufen sind besonders begehrt, da die einzelnen Kristalle eine beachtliche Größe von bis zu zehn Zentimetern, satte Gelbtöne und oft auch Diamantglanz aufweisen. Sie sind meist tafelig, prismatisch oder pyramidenförmig. Zu Schmuck lässt sich das attraktive Mineral aber leider nicht verarbeiten, da es mit einer Härte von 2,5 bis 3 auf der Mohs'schen Härteskala zu weich ist. Es hat daher vorwiegend Sammlerwert.

3 RHODOCHROSIT

N'Chwaning I Mine nahe Kuruman, Südafrika
8,5 × 6 cm

Zwei berühmte Mineralogen der Bergakademie Freiberg haben sich mit diesem außergewöhnlich schönen Mineral beschäftigt. Aufgrund seiner chemischen Zusammensetzung und der guten Spaltbarkeit wurde es von Abraham Gottlob Werner (1749 – 1817) zuerst als Manganspat bezeichnet. Von Johann Friedrich Ludwig Hausmann (1782 – 1859), einem Göttinger Geologen und Mineralogen, nach dem auch der Hausmannit benannt ist, erhielt der Rhodochrosit seinen Namen. Er leitet sich vom griechischen *rhodon chrosis* – »rosenfarbig« ab. Friedrich August Breithaupt (1791 – 1873), hielt wiederum die Namen »Rosenspat« und »Himbeerspat« für geeigneter. Deutlich beschreiben diese beiden Namen die Farbe dieses Minerals, wie Sie selbst sehen können.

Rhodochrosite aus N'Chwaning zeichnen sich gegenüber anderen Fundorten durch ihre Formenvielfalt und Klarheit der Farbe aus. Entdeckt wurde der Rhodochrosit aber in der rumänischen Bergbauregion Baia Mare bei Cavnic. Die dort auftretenden Rhodochrosite sind blassrosa und durchscheinend, wie im Europa-Saal noch zu sehen sein wird. Eines der größten Rhodochrositvorkommen weltweit findet sich jedoch in den USA, im Bundesstaat Montana, wo das Mineral sogar als Manganerz abgebaut wird. In der Industrie dient das Element Mangan als wichtiger Stahlveredler.

4A AZURIT, MALACHIT

Teilpseudomorphose von Azurit nach Malachit

Tsumeb, Otavi-Bergland, Namibia · 9,7 × 6,7 cm

4B MALACHIT, AZURIT

Teilpseudomorphose von Malachit nach Azurit

Tsumeb, Otavi-Bergland, Namibia · 13 × 6 cm

Der blaue Azurit und grüne Malachit sind Kupferkarbonate, die sich pseudomorph ineinander umwandeln können. Sie bilden sich in der Oxidationszone von sulfidischen Kupferlagerstätten. Allerdings ist die Umwandlung des Malachit in Azurit wesentlich seltener. Ihre ähnliche chemische Zusammensetzung bewirkt zudem, dass sie oft nebeneinander auftreten.

Sie galten in der Antike als wichtige Kupfererze. Aber auch als Farbpigmente und Schminke wurden beide Minerale als fein gemahlenes Pulver genutzt. Sie finden sich schon in Wandmalereien sowohl im Alten Ägypten als auch bei den Maya wieder. Im Mittelalter galt der Azurit bei Malern als »Bergblau« und der Malachit als »Berggrün«. Sie haben in alten Buchmalereien, Kirchengemälden und Fresken Verwendung gefunden. Da sich aber unter Feuchtigkeitseinfluss im Laufe der Zeit der blaue Azurit in den Malachit umwandeln kann, weisen manche Fresken heute einen grünen Himmel auf. Heute wird der Malachit vor allem in der Schmuckindustrie geschätzt.

Beide Minerale kristallisieren in blockigen oder nadeligen Formen. Sie können aber auch derbe Krusten bilden oder nierenförmige Massen. Besonders schöne Kristalle kommen aus den USA, Mexiko, Australien, China, Russland, Marokko und vor allem aus Namibia, wie hier zu sehen. Sie kommen zudem auch in Frankreich, Ungarn und Deutschland vor.

5 SMITHSONIT (KOBALTHALTIG)

Tsumeb, Otavi-Bergland, Namibia
Bildbreite 4,6 cm

Smithsonit ist ein Zinkkarbonat und kommt als Hauptbestandteil des Galmei in den Oxidationszonen von sulfidischen Zinkerzlagerstätten vor. Lokal war es ein wichtiges Zinkerz. Galmei wurde bis zum Ende des 18. Jahrhunderts neben Kupfer als einziger natürlicher Grundstoff zur Herstellung von Messing und Bronzen verwendet. Smithsonit bildet meist nierige, traubige und massige Formen. Kristalle bildet er sehr selten, die schönsten stammen aus Tsumeb in Namibia. Die Farbpalette ist vielfältig und reicht von farblos, weiß, gelblich, rosa, grün, bläulich bis bräunlich. Verschiedene Spurenelemente sind für die Farbschattierungen verantwortlich: Kupfer für die grünbläulichen, Kobalt für die rosa bis violetten und Cadmium wiederum für leuchtendgelbe.

Das Mineral wurde nach James Smithson (1765 – 1829), einem britischen Mineralogen und Chemiker benannt, der besonders über Zink- und Bleiminerale forschte. Sein Vermögen stiftete er zur Gründung der weltberühmten Smithsonian Institution in Washington, einer Einrichtung »zur Mehrung und Verbreitung des Wissens unter den Menschen«. Aus dieser Stiftung sind bis heute 19 Museen hervorgegangen. Er selbst war aber zeit seines Lebens nie in den USA und seine Motivation für diese Entscheidung ist daher bis heute ungeklärt.

6 WULFENIT AUF DIOPTAS

Tsumeb, Otavi-Bergland, Namibia
Bildausschnitt 4 × 3 cm, Wulfenitkristall 2,2 cm

Die Besonderheit bei dieser Stufe ist das gemeinsame Auftreten des smaragdgrünen Dioptas mit Wulfenit. Aufgrund seiner Farbe wurde der seltene Dioptas lange mit dem Edelstein Smaragd verwechselt. 1785 in der kirgisischen Steppe bei Altyn Tube gefunden, gelangte er viel später noch immer unbeschrieben an den russischen Zarenhof. Katharina die Große (1729 – 1796), eine interessierte Mineralsammlerin, beauftragte den deutschen Mineralogen Johann Jakob Ferber (1743 – 1790), das Mineral zu untersuchen. Dieser unterlag einem fatalen Irrtum und hielt Dioptas für eine Smaragdvarietät. Allerdings wurde das Mineral in den Folgejahren aufgrund seiner geringen Härte nur als »Smaragd der Armen« gehandelt.

Erst im Jahr 1801 wurde es vom französischen Mineralogen und einem Begründer der Kristallografie, René-Just Haüy (1743 – 1822), als ein eigenständiges Mineral erkannt. Er benannte es nach den griechischen Worten *dia optasis* – »Durchsicht«, da man bei Licht die Spaltrisse in den empfindlichen Kristallen sehen kann. Die Risse oder Sprünge entstehen schon bei leichter Erwärmung durch den Verlust des in ihm enthaltenen Kristallwassers.
Bei Sammlern ist er jedoch aufgrund seiner Farbe und der Seltenheit sehr geschätzt. Hervorragende Kristalle stammen neben dem heutigen Kasachstan von den Otavi-Bergen in Namibia und aus dem Kongo.

7 CERUSSIT

Tsumeb, Otavi-Bergland, Namibia
8,5 × 6,5 cm

Ein weißes Farbpigment zog schon in der Antike die Aufmerksamkeit berühmter Gelehrter auf sich. Der griechische Philosoph und Naturforscher Theophrast (371–287 v. Chr.) gab ihm den Namen *Psimmythium*, und Plinius (23–79 n. Chr.), der römische Naturgelehrte, bezeichnete es als *cerussa* – »weißes Blei«. Es wurde vor allem als Kosmetikum benutzt.

Aber erst im 16. Jahrhundert erkannte es der Schweizer Naturforscher Conrad Gesner (1516–1565) als eigenständiges Mineral Cerussa. Ab dem 18. Jahrhundert wurde das Mineral wegen seiner Farbe und der Verwendung als Weißbleierz bezeichnet, bis sich der moderne Mineralname Cerussit schließlich durchsetzte.

Seine Formen sind vielfältig: Prismen sowie Dipyramiden in tafeliger oder nadeliger Ausbildung. Häufig treten Zwillinge und Drillinge in stern- bis schneeflockenartiger Anordnung auf, die bei Sammlern besonders beliebt sind. Hinzu kommen pulverig-erdige Krusten und Beläge. Dagegen ist die Farbskala auf farblos, weiß bis grau beschränkt. Spuren von Kupfer können lediglich eine zarte blaue oder grünliche Schattierung verursachen. Cerussit entsteht, wie unter anderem auch Anglesit, durch chemische Verwitterung des Galenit und hat lokale Bedeutung als Bleierz.

Als Typlokalität gilt Vicenza in Italien. Jedoch wurden die schönsten Kristalle bisher in Tsumeb in Namibia und Touissit in Marokko gefunden.

8 SCHÖRL-FOITIT

Erongo-Berge, Namibia
20 × 18 cm

Schörl und Foitit gehören zu den Turmalinen. Sie bilden im Erongo die Mischkristalle aus der Reihe Schörl-Foitit, welche chemisch weder reiner Schörl noch reiner Foitit sind. Der eisenreiche Schörl wurde nach der sächsischen Ortschaft Zschorlau benannt, früher Schorl, wo er zusammen mit dem Zinnerz Kassiterit auftritt. Schörl und Foitit bestechen äußerlich durch tiefes, elegantes Schwarz, in ihrem Inneren können sie jedoch farbige Überraschungen »versteckt« halten. Diese kann man aber nur bestaunen, wenn man aus ihren Kristallen hauchfeine Dünnschliffe anfertigt. Dabei offenbaren sich außergewöhnliche geometrische Muster und Zeichnungen.

Turmaline sind aber nicht nur schön. Sie werden auch in der Industrie aufgrund ihrer Eigenschaften hoch geschätzt: Unter Druck und Erwärmung können sie sich an den Kristallenden elektrisch unterschiedlich aufladen. Dies sind die sogenannten piezo- beziehungsweise pyroelektrischen Effekte, wobei die Pyroelektrizität am Turmalin überhaupt erst entdeckt wurde. Vor allem für die Sensorik, in Infrarot-Bewegungsmeldern und Feuermeldern sowie in Tintenstrahldruckern sind diese Eigenschaften relevant. Aber auch in Haarglätteisen und in Piezofeuerzeugen findet dieser Effekt seine Anwendung.

EUROPA

FÜNFTE STATION:

EUROPA EURASIEN

MIT DER EXPEDITION »REISE ZUM URSPRUNG«

Wenige Schritte über den Gang und Sie wechseln den Kontinent. Nach der bunten Pracht Afrikas begegnen Ihnen jetzt vorwiegend metallisch glänzende Stufen in allen vorstellbaren Grau-, Silber- und Goldtönen. Dabei handelt es sich um die primären Erzminerale, aus denen die vielfältigen und häufig farbigen Sekundärminerale überhaupt erst entstehen konnten.
Über dem Saal erhebt sich das Wissenschaftszentrum, die »Forschungsreise«, die sich in der imposanten Holzkonstruktion des ehemaligen Kornspeichers befindet. Unterhalb der Konstruktion erwarten Sie vier Vitrinen mit Mineralen aus West-, Ost- und Südeuropa sowie den Alpenländern Österreich und Schweiz. Doch den Einstieg und Schwerpunkt dieses Saales bilden Minerale aus Rumänien, Ungarn und den ehemaligen Sowjetrepubliken.

Gleich in den ersten Vitrinen stoßen Sie auf Stufen der Fundorte des bekannten Bergbaugebietes Baia Mare in Rumänien.

Fantastische Antimonitkristalle in vielerlei Gestalt, goldgelbe würfelförmige Pyritkristalle und fast silberglänzende Galenite begeistern hier das Auge. Aber achten Sie auch auf die Formen- und Farbenvielfalt der Barytkristalle. Dabei kommt das intensive Rot besonders selten vor und wird durch den Einbau feinster Kristalle des Minerals Realgar verursacht. Begleitet werden die Erzminerale außerdem von Aragonit, Dolomit, Quarz und Calcit. Besonders besticht Letzterer durch kugelige Ausbildungen, die durch Jamesoniteinschlüsse zur Hälfte schwarz gefärbt sind.

Folgen Sie dem Labyrinth der Vitrinen zu der großen Charoitplatte aus Sibirien. Dieses Mineral kommt ausschließlich im dortigen Murunmassiv vor. Umgeben ist die Platte von Vitrinen mit Stufen in Spitzenqualität aus Dalnegorsk im Fernen

Osten. Glasklare Calcite und Fluorite sind hier ebenso einzigartig wie die verzwillingten Galenite, hochglänzende Sphalerite und Ilvaite. Das wichtige Bormineral Datolith, für die Region ebenfalls sehr typisch, war sogar einer der Hauptgründe für den dortigen Rohstoffabbau zu strategischen Zwecken und die damit verbundene Abschottung der Region.

In der nächsten Vitrine führen die Minerale Sie in den Ural – die Grenze zwischen Europa und Asien und eine der erz- und edelsteinreichsten Regionen Russlands. Die ganze Bandbreite der Uralminerale ist in dieser Vitrine vertreten. Dabei hervorzuheben sind der Krokoit von der Typlokalität Beresowsk, der seltene grüne Granat Uwarowit sowie blaue Topase aus Mursinka und der Smaragd vom Fluss Tokowaja. Aus dem Polarural

stammen zudem Rauchquarze und Bergkristalle, wobei Letztere lange Zeit im Geheimen für militärische Zwecke abgebaut wurden, bevor sie für Sammler zugänglich wurden.

Ein paar Schritte zurück ins Saalinnere und Sie entdecken Minerale aus Kasachstan. Aus großen Kupferlagerstätten sehen Sie hier skelettartige Kupferkristalle und weitere Kupferminerale wie Chalkosin und Bornit. Hingegen repräsentieren die plattigen Wolframitkristalle die Wolframlagerstätte Karaoba. Die hellen Calcitstufen aus Rudny stechen aber durch ihre wuchtige Erscheinung am meisten ins Auge.

Wenden Sie sich nun der Speicherkonstruktion zu. Ganz links zeigt sich Westeuropa mit Apatitstufen von der Weltklasse-Fundstelle Panasqueira in Portugal. Vom Nachbarland Spanien ist ein Aragonit zu entdecken. Dieses Mineral wurde Ende des 18. Jahrhunderts nach der spa-

nischen Provinz Aragón benannt. Aus dem Mont-Blanc-Massiv in Frankreich stammt eine ausgesprochen große Stufe mit rosa Fluorit und aus England kommt grüner Fluorit, dessen Kristalle fast alle verzwillingt sind.

Formenreich präsentieren sich auch die Alpenländer: Blättrige Eisenrosen aus der Schweiz und nadelige Gipskristalle, eine bizarre Eisenblüte, ein an moderne Kunst erinnernder Adular und ein bemerkenswerter Granat aus Österreich seien hier genannt. In der letzten Vitrine werden Sie dagegen auf die Farben aufmerksam: Eine große Stufe mit rosa Manganocalcitkristallen aus Bulgarien sowie sattgelbe Schwefelstufen aus Sizilien leuchten dem Betrachter entgegen. Das in Quarz eingewachsene Gold, aus der seit Jahrhunderten bekannten Fundstelle im Aosta-Tal in Norditalien, wurde nach zwischenzeitlicher Unzugänglichkeit der Grube erst in den letzten Jahren geborgen.

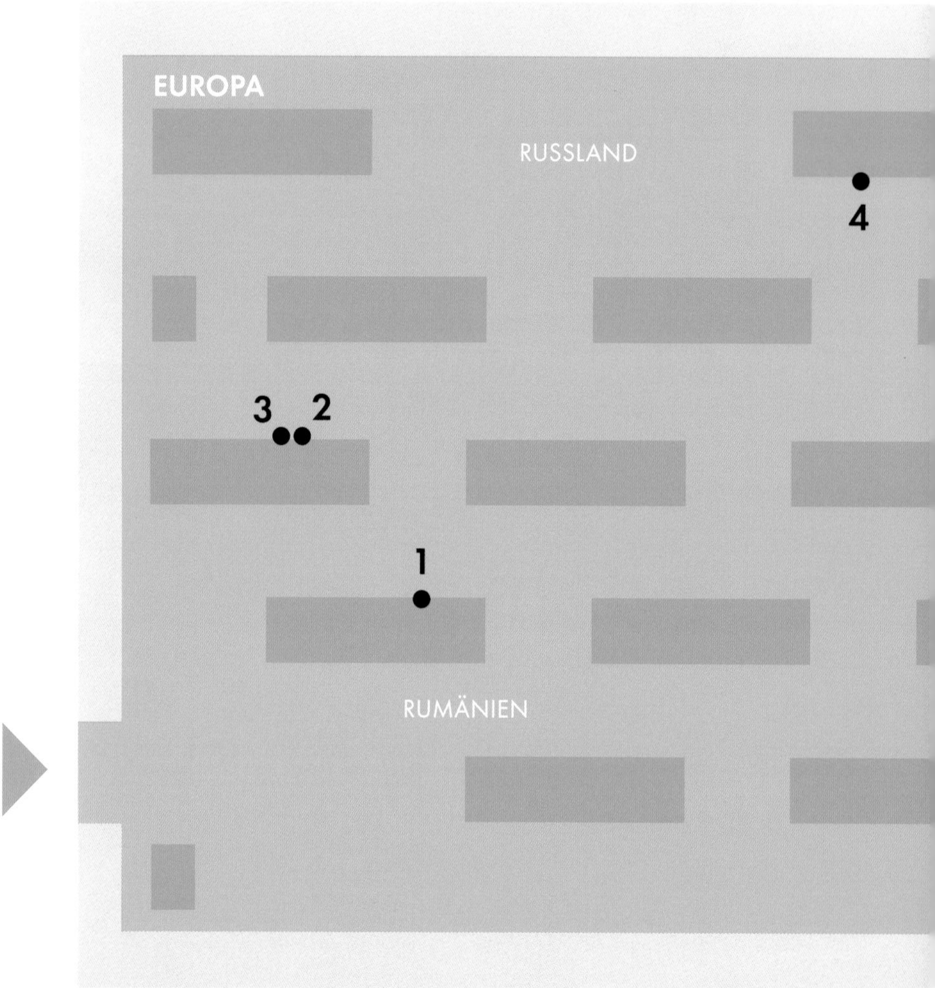
EUROPA
RUSSLAND
4
3
2
1
RUMÄNIEN

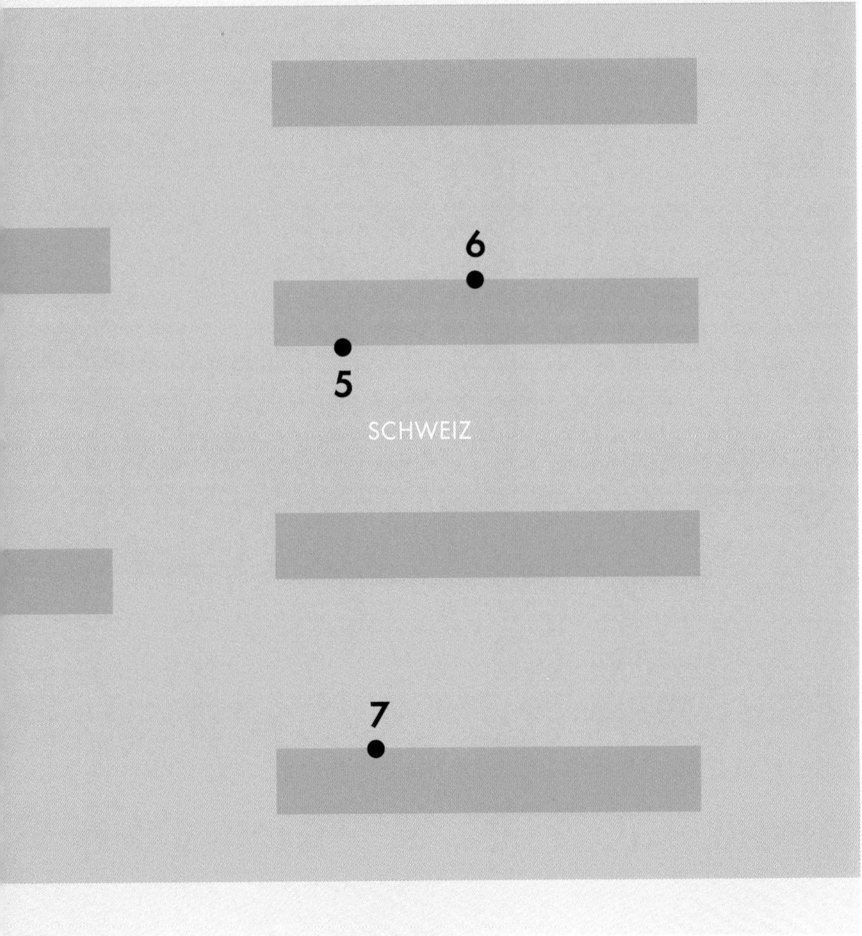
6
5
SCHWEIZ
7

1 CALCIT

Herja, Maramures, Rumänien
11 × 9 × 6,5 cm

Beim Calcit darf man nur in Superlativen sprechen: Es ist das formen- und flächenreichste Mineral, sehr weit verbreitet und eines der wichtigsten Industrieminerale. Aus Rhomboedern, Skalenoedern, Dipyramiden, Prismen und zahlreichen weiteren Kombinationen dieser Formen ergeben sich die unvorstellbaren 1000 Erscheinungsformen des Calcits – was ihm den Namen »Formenzauberer« einbrachte. Auch bei den Farben ist er nicht sparsam: In reiner Form farblos, kann er in vielen Farben erscheinen, wenn entsprechende Spurenelemente oder Einschlüsse anderer Minerale vorhanden sind.

Der deutsche Name Kalkspat wurde ihm von Bergleuten wegen seiner vollkommenen Spaltbarkeit und seines hohen Calciumanteils vergeben. Er ist das bekannteste Calciumkarbonat und eines der häufigsten gesteinsbildenden Minerale zum Beispiel in Kalkstein, Marmor, Kreide und Karbonatit. Diese Gesteine machen rund 40 Prozent der Erdoberfläche aus. So bestehen auch Korallenriffe und Muschelschalen aus Calcit und Aragonit.

Die vielfältige Anwendung in der Industrie reicht von der Baustoffindustrie als Zementrohstoff sowie als Düngemittel bis hin zur Optik, wegen seiner hohen Doppelbrechung als sogenannter Doppelspat. In der Architektur wird Marmor geschätzt, obwohl er im Außenbereich empfindlich auf Umwelteinflüsse wie sauren Regen reagieren kann.

Calcit · Dalnegorsk, Ferner Osten, Russland · 15 × 12 cm*

Calcit · Elmwood Mine, Carthage, Tennessee, USA · 14 × 7 cm*

Calcit (kupferhaltig) · Tsumeb, Otavi-Bergland, Namibia · 18 × 9 cm

Calcit · Huangpolong, Hunan, China 25 × 25 cm, Kristallgröße bis 11 cm

Calcit · Cavnic, Maramures, Rumänien 8,7 × 6,3 cm, Durchmesser der »Calcitkugeln« bis 2,3 cm*

Calcit auf Sphalerit · Cumberland Mine, Tennessee, USA · 42 × 29 cm, Kristallgröße bis 22 cm

Calcit · Wenshan Mine, Yunnan, China 16,5 × 10 cm, Kristallgröße bis 4,7 cm

Calcit · Wenshan Mine, Yunnan, China · 16 × 10 cm

2 ILVAIT, QUARZ, HEDENBERGIT

Dalnegorsk, Ferner Osten, Russland
Bildhöhe 10 cm

Auch hier begegnen wir, wenn auch indirekt, berühmten Freiberger Wissenschaftlern: Bevor der norwegische Philosoph und Naturforscher Henrich Steffens (1773 – 1845) im Jahr 1811 den Ilvait beschrieb, hielt er sich zu Forschungszwecken bei Abraham Gottlob Werner (1749 – 1817) an der Bergakademie Freiberg auf. Steffens war auch Dichter und verlieh dem Mineral, das von der Insel Elba stammte, den Namen Ilvait. Die Insel wurde im Altertum von dem Volk der Ilvaten bewohnt und von den Römern daher Ilva genannt. Auch heute noch kommen auf Elba große Ilvaitkristalle vor, aber das Sammeln ist streng reglementiert. Weitere Fundgebiete des undurchsichtigen und schwarzen bis schwarzgrauen Minerals sind über die ganze Welt verteilt: Russland, China, USA, Japan und Deutschland.

In seiner Formenvielfalt ist Ilvait eher bescheiden. Entweder kommt er als grobkristalline, derbe oder körnige Masse vor, oder seltener bildet er prismatische, längsgestreifte Kristalle, wie bei unseren beiden Exponaten aus Dalnegorsk, unweit von Wladiwostok.

Als typisches Skarnmineral entsteht der Ilvait durch Kontaktmetasomatose. Bildungsfaktoren sind dabei hohe Temperaturen und der Stoffaustausch zwischen Fluiden eines Magmas und reaktionsfähigen Gesteinen, meist Karbonaten. Gemeinsam mit dem Ilvait bilden sich auch folgende Begleitminerale: Quarz, Magnetit, Hedenbergit, Sphalerit oder Fluorit.

3 PYRRHOTIN MIT QUARZ

Dalnegorsk, Ferner Osten, Russland
Bildbreite 7,1 cm

Bei diesem Mineral begegnen wir wieder berühmten Wissenschaftlern der Bergakademie Freiberg: Abraham Gottlob Werner (1749 – 1817) bezeichnete 1789 das Mineral, das aus Eisen und Schwefel besteht, als Magnetischen Kies oder kurz Magnetkies. Denn Pyrrhotin ist eines der wenigen ferromagnetischen Minerale, die es überhaupt gibt. Werners Nachfolger, August Breithaupt (1791 – 1873), verlieh 1835 dem Mineral den heute gültigen Namen, der sich vom griechischen Wort *pyrrhos* für »feuerfarbig« ableitet.

An der Luft werden die gelblichrosa, rötlichgelben bis bronzefarbenen Kristalle schnell mattbraun. Seltener sind bunt irisierende Exemplare. Der opake Pyrrhotin bildet hexagonale Formen, die oft klein und tafelig sind. Er kann in Gesellschaft mit dem Nickeleisensulfid Pentlandit vorkommen und tritt in großen Nickellagerstätten auf, wie zum Beispiel in Sudbury in Kanada. Allerdings wird er selbst nicht als Erz verwendet. Ein weiterer wichtiger Fundort ist Dalnegorsk in Russland, wo es tafelige und säulige Kristalle mit bis zu 30 Zentimetern Durchmesser gibt. Hochglänzende Kristalle kommen aus Santa Eulalia in Mexiko. Aber auch von Baia Sprie in Rumänien und von Trepča im Kosovo sind wunderschöne Stufen bekannt. Hier haben sich die Kristalle häufig pseudomorph in Pyrit umgewandelt.

4 TOPAS, MUSKOVIT

Murzinka, Ural, Russland
Kristallgröße 2,6 cm

Der Ural ist reich an Bodenschätzen und Mineralen. Seit Jahrhunderten werden hier Edelmetalle und Edelsteine gewonnen und die begehrten blauen Topase von Murzinka sind jedem Sammler ein Begriff. Neben Russland werden viele Topase in Minas Gerais in Brasilien und in Nigeria gefördert.

Der Name Topas soll sich von *lapaz* ableiten, einem Sanskrit-Wort, das »Feuer« oder »Leuchten« bedeutet. Tatsächlich kann der Topas im Brillantschliff wegen seines hohen Brechungsindex, also wegen seines »Feuers«, sogar mit dem Diamanten verwechselt werden. Dabei ist der Topas aber wesentlich erschwinglicher. Große Kristalle, die bis zu 100 Kilogramm wiegen, sind vor allem in Volodarsk Volynskij keine Seltenheit.

Gebildet wird das Mineral aus fluorhaltigen, heißen Restlösungen, Fluide genannt, zwischen 400 und 500 Grad Celsius in Hohlräumen von Pegmatiten und Graniten sowie in deren Kontaktbereichen. Eines der bekanntesten Beispiele dafür ist die weltberühmte Fundstelle im sächsischen Vogtland – der Topasfelsen Schneckenstein. August der Starke (1670 – 1733) ließ in der dortigen »Königszeche« den honig- und weingelben Edelstein abbauen und zahlreiche Schmuckstücke, wie die berühmte Knopfgarnitur, anfertigen. Diese sind noch heute im Historischen Grünen Gewölbe in Dresden und in der Schatzkammer im KRÜGERHAUS zu sehen.

5 HÄMATIT (EISENROSE)

Schweiz
5 × 4,5 cm

Die Bezeichnung Hämatit ist abgeleitet vom Griechischen *haematoeis* und bedeutet »Blut« oder »blutig«. Denn seine Strichfarbe und das Schleifwasser beim Bearbeiten sind beide blutrot. Früher glaubte man daher, dass er heilende Kräfte besitzt und als Schutz gegen Blutungen getragen werden soll oder die Blutbildung anregt. Je nach Ausbildung hat er verschiedene Namen: Eisenglanz, Eisenrose, Blutstein, Roter Glaskopf oder Roteisenstein. Beim Ausstellungstück handelt es sich um eine Eisenrose, eine filigrane Anordnung von schuppenartigen Hämatitkristallen, ähnlich den Blütenblättern einer Rose.
Sie ist ein typisches Mineral Alpiner Klüfte und hydrothermal entstanden. Hauptsächlich ist Hämatit aber in sedimentären und in metamorphen Gesteinen zu finden und enthält bis zu 70 Prozent Eisen. Er ist eines der wichtigsten Eisenerze und wird vor allem in der Hüttenindustrie verwendet, um Stahl und Gusseisen zu erzeugen.

Eine Mischung von Hämatit und Ton bildet den Rötel, eine natürlich vorkommende erdig-pulverige Mineralfarbe. Sie wurde für Höhlenmalereien und zur Körperbemalung verwendet, wobei der Stamm der Himba in Namibia ihn noch heute für die Körperpflege benutzt. Die Hämatitvarietät Eisenglanz wird gern als Schmuckstein verarbeitet – Sie finden ihn in unserem Museumsshop vor allem in Form von Halsketten.

6 ALMANDIN

Zillertal, Tirol, Österreich
9 × 5 cm, Kristallgröße bis 3,5 cm*
(Flächen nachgeschliffen)

Almandin ist das häufigste Mineral der Granatgruppe, das unter hohen Temperaturen und Druck vorwiegend in Metamorphiten und in Magmatiten entsteht. Zur Gruppe zählen zahlreiche weitere Einzelminerale, darunter Andradit, Spessartin oder Uwarowit, die alle in der Ausstellung zu sehen sind. Granate heißen sie deshalb, weil ihre Kristallform und Farbe stark an die Früchte des Granatapfels erinnern.

Der Almandin (früher Alabandicus) verdankt seinen Namen der Stadt Alabanda in der Türkei, die schon in der Antike berühmt war für ihre Edelsteinbearbeitung. Granate wurden als Schmucksteine sehr geschätzt und im Mittelalter nannte man sie zusammen mit den Rubinen und Spinellen »Karfunkelsteine«. Denn viele Granate können wegen ihrer Farbe, die von dunkelrot bis rotviolett, bräunlichrot bis rötlichschwarz reicht, mit den wesentlich teureren Edelsteinen leicht verwechselt werden. Daher sagt man, dass sie die Edelsteine des kleinen Mannes sind. Wenn die Kristalle etwas trüb sind oder zu klein, dann werden sie mittels Schleiftrommel zu Steinen für günstige Halsketten verarbeitet. Wenn sie zu brüchig sind und kaum durchsichtig, dann leisten sie gute Dienste als Schleifmaterial. Exemplare von herausragender Qualität erhalten hingegen dank verschiedener Schliffformen ihr berühmtes Feuer, das sie zu begehrenswerten Schmucksteinen macht.

7 SCHWEFEL, CALCIT, BITUMEN

Agrigento, Sizilien, Italien
8 cm

Unser Leben ist ohne Schwefel undenkbar. Schon in der Antike wurde er hoch geschätzt – als Bleichmittel für Textilien, als Arznei, als Brandwaffe, ja sogar zur Pestbekämpfung. Heute findet er sich in der chemischen und der pharmazeutischen Industrie wieder: in Farbstoffen, Medikamenten, Insektiziden, Dünger, Streichhölzern und Feuerwerkskörpern. Schwefelsäure ist die am meisten produzierte chemische Verbindung der Industrie. Die Erdölindustrie ist heute der wichtigste Produzent für Schwefel. Bergmännisch wird er kaum noch gewonnen.

Die makellosen Kristalle der Ausstellung kommen aus Sizilien, das schon bei den Griechen und Römern für seine riesigen Vorkommen bekannt war. Im Laufe der Erdgeschichte wurde dort Sulfatgestein (Anhydrit und Gips) unter der Beteiligung von Bakterien umgewandelt, sodass Schwefelkristalle entstehen konnten. Christliche Sklaven wurden von den Römern zum Schwefelabbau nach Sizilien verbannt. Allein Italien sicherte bis zum Ersten Weltkrieg 90 Prozent der Weltproduktion und 75 Prozent davon kamen aus Sizilien! Auf der italienischen Insel arbeiteten rund 40000 Menschen unter katastrophalen Bedingungen, bis in den USA das Frasch-Verfahren entwickelt wurde. Mit heißem Wasser wurde Schwefel unter hohem Druck verflüssigt und per Bohrung gefördert. So konnten große Vorkommen in Louisiana und Texas erschlossen werden.

EXPEDITION »REISE ZUM URSPRUNG«

Bevor Sie den Saal verlassen, sollten Sie sich noch einmal umdrehen: An den Monitoren können Sie Mineralogen und Privatsammler auf ihren Reisen zu ausgewählten Mineralfundstellen auf der ganzen Welt begleiten. So sehen Sie nicht nur die Fundumstände, sondern lernen daneben auch Land und Leute kennen. Das Länderangebot reicht von Grönland bis Australien, von der Schweiz bis Brasilien und von Russland bis in die USA.

Auf den großen Leuchttafeln erfahren Sie anschließend Wissenswertes über die Bildung von Gesteinen und Mineralen. Zwei der Grafiken veranschaulichen geologische Prozesse: den Kreislauf der Gesteine und die Plattentektonik. Weitere vier Grafiken widmen sich dagegen vor allem den Bildungsbereichen von Mineralen, die für Mineralsammler von besonderem Interesse sind, wobei in der zugehörigen Vitrine jeweils auch typische Beispiele dieser Bildungsbereiche zu sehen sind.

Aus hydrothermalen Gängen kommen Baryt, Galenit, Sphalerit und Calcit, aus Pegmatiten Heliodor, Topas und Feldspat, aus Skarnen Magnetit und Andradit sowie aus alpinen Klüften Bergkristall, Rauchquarz und Titanminerale.

FORSCHUNGS-REISE

Radioaktivität
UV-Licht

1 : 200 000
KLETT-PERTHES

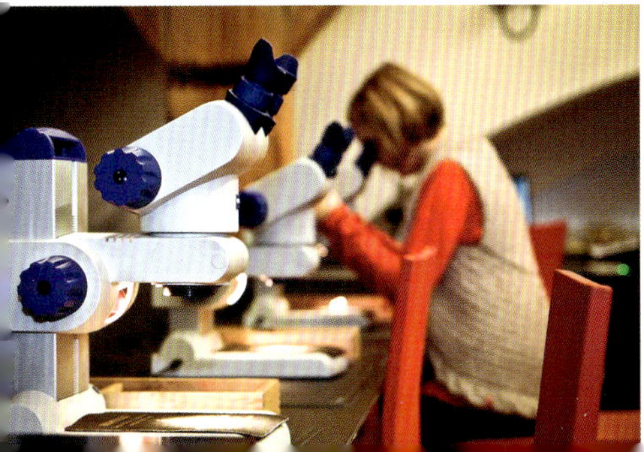

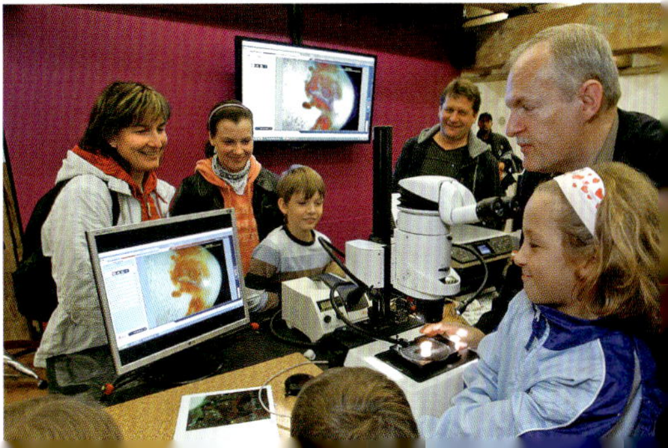

WISSENSCHAFTSZENTRUM:

»FORSCHUNGS-REISE«

Nach der »Reise zum Ursprung« führt nun im Speicher das magentafarbene Treppenhaus nach oben in das Wissenschaftszentrum. Die »Forschungsreise« lädt zum Experimentieren, Entdecken und Erleben ein. Auf die Besucher warten unterschiedliche Mikroskope, die Minerale in einer weiteren Dimension zeigen und Objekte auch fotografisch festhalten können. Eine Besonderheit ist dabei das Raster-Elektronen-Mikroskop (REM), welches auch regelmäßig von Studenten der TU Bergakademie Freiberg für ihre Qualifizierungsarbeiten genutzt wird. Über die Schulter schauen ist ausdrücklich erlaubt! Auch Ihre eigenen Funde können Sie hier im Rahmen einer Führung kurz untersuchen lassen.

Den Besuchern stehen außerdem Übungskästen zur Mineral- und Gesteinsbestimmung zur Verfügung. Mitarbeiter der Forschungsreise helfen Ihnen hier gern weiter, um Mineraldiagnosen nach einfach

terra mineralia

bestimmbaren äußeren Eigenschaften durchzuführen, zum Beispiel Kristallform, Glanz, Härte, Strichfarbe, Spaltbarkeit, Bruch und magnetische Eigenschaften. Jeden Monat erwartet die Besucher zudem ein besonderes naturwissenschaftliches Thema, das von zahlreichen Experimenten begleitet wird. Auch in den Ferien und parallel zu Sonderausstellungen gibt es immer wieder neue Programme zu erleben, die Kindern spielerisch die große Welt der Naturwissenschaften erklären: Woher kommen die Farben der Minerale? Wozu braucht der Mensch Salz? Können Steine vom Himmel fallen? Was ist der Kreislauf der Gesteine? Was hat Kohle mit Diamanten gemeinsam? Und vieles mehr.

Kindergruppen und Schulklassen unterschiedlichen Alters treffen sich in der »Forschungsreise« zum gemeinsamen Staunen, Ausprobieren und Lernen. Dafür stehen speziell entwickelte Programme zur Auswahl, die sich am sächsischen Lehrplan orientieren und während des

ganzen Schuljahres angeboten werden. In Gruppenarbeit können die Schüler hier unter anderem Vulkane ausbrechen lassen oder die Echtheit von Diamanten testen.

Kleine Besucher mit großem Forscherdrang können zudem ihren Geburtstag feiern und ganz nebenbei viel Wissenswertes über Edelsteine lernen oder zu einer Schatzsuche in den Wilden Westen aufbrechen.

Die Studenten der »Forschungsreise« stehen allen kleinen wie großen Besuchern mit Rat und Tat zur Seite und beantworten Ihnen jede Frage, die Ihnen während Ihres Besuchs aufgekommen ist. Sollten Sie aber auch selbst ein wenig stöbern wollen, dann wartet eine kleine Fachbibliothek auf Sie. Aber vergessen Sie nicht die Zeit, denn das Glanzstück der terra mineralia wartet noch auf Sie – die Schatzkammer. Nehmen Sie von der Forschungsreise die Treppe zurück nach unten, durchqueren Sie den Europa-Saal, gehen Sie durch das Renaissancetreppenhaus ins Erdgeschoss und wenden Sie sich nach rechts.

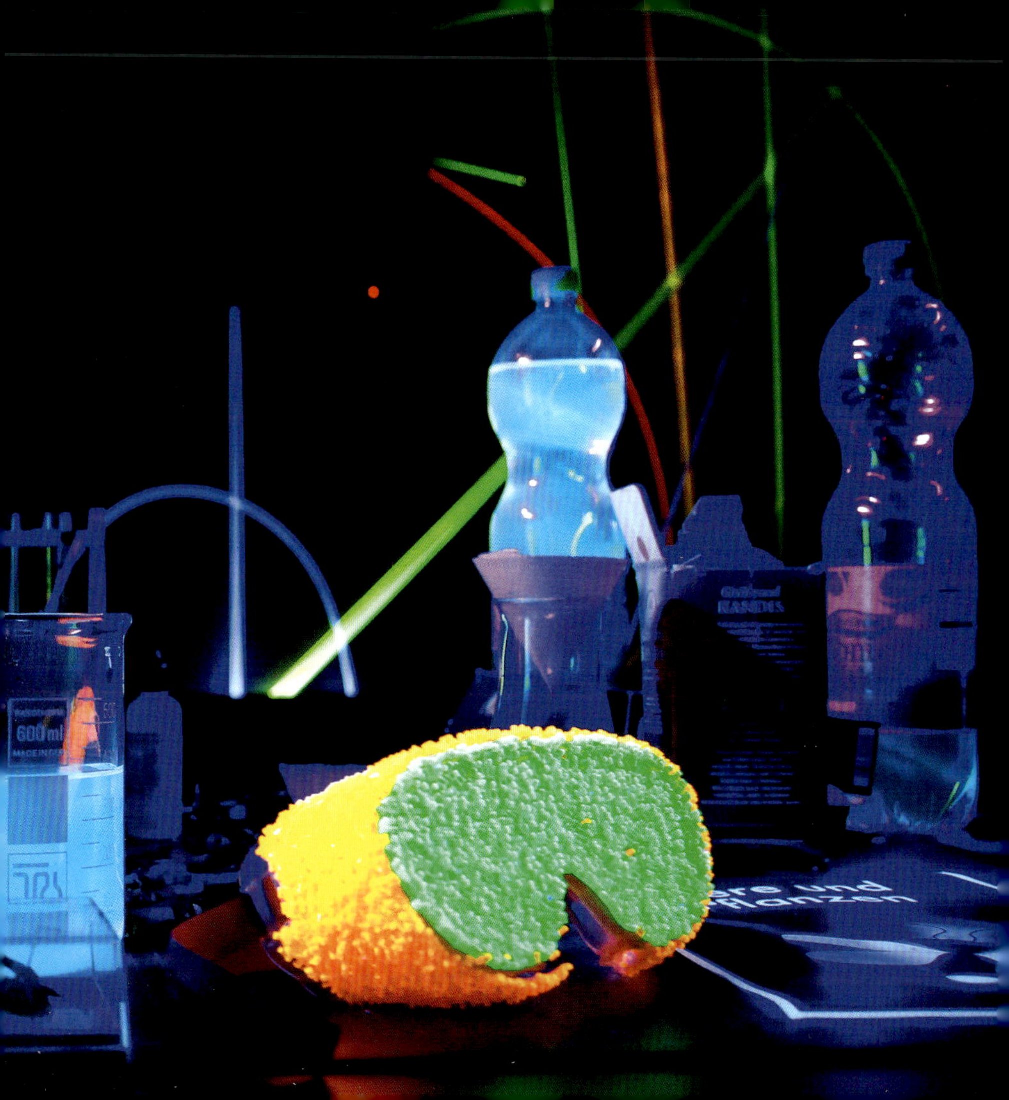
600 ml
KANDIS

SCHATZ-KAMMER

GLANZPUNKT ZUM ABSCHLUSS:

SCHATZ-KAMMER

MIT DEN »REISENDEN AUS DEM ALL«

Höhepunkt und zugleich Abschluss der Reise in die Welt der Minerale ist der Besuch in der Schatzkammer: Hier stehen die größten, spektakulärsten und wertvollsten Objekte der Ausstellung, die weltweit einzigartig sind. In den vier Räumen, die alle Teil der kurfürstlichen Schlossküche waren, wird Ihnen ein Augenschmaus der Sonderklasse serviert.

Vorraum

Zunächst werden Sie von zwei beeindruckenden Großstufen empfangen. Die Amethyststufe mit einem großen Calcitkristall zu Ihrer Linken teilt sich den Raum mit einer Edelsteinstufe aus Afghanistan. Diese wird in der Mitte von einem blaugrünen Turmalinkristall gekrönt und seitlich ist ein rosa strahlender Morganit zu entdecken. Ein zweiter Blick in diesem Raum sollte den Wänden gelten. Auf ihnen sind in alphabetischer Reihenfolge die Namen aller Minerale zu lesen, die im Jahr 2006 anerkannt waren – genau 4 253. Die Aufzählung beginnt rechts oben neben der Tür zum nächsten Raum mit A = Abelsonit und endet links unten mit Z = Zykait. Jährlich kommen circa 50 neue hinzu.

Tresorraum

Im nächsten Raum fühlt man sich wegen der schweren goldfarbenen Türen sowie der Wand- und Deckenverkleidung aus Metall wie in einem Tresorraum. In jeder der sieben Vitrinen sind wertvolle Edel- oder Schmucksteine als Mineralstufe und zugehörige Schmuckstücke ausgestellt. Unter anderem wurden Aquamarin, Turmalin, Topas, Rubin und Silber von der Freiberger Goldschmiede Gerlach in kunstvoller Handarbeit zu Ringen, Kettenanhängern oder Armreifen verarbeitet. Alle Schmuckstücke sind Unikate und können bei uns erworben werden.

Hauptraum

Der dritte und größte Raum der historischen Schlossküche beeindruckt sowohl durch sein rußgeschwärztes Kreuzgewölbe als auch durch die einzigartigen Großstufen, die hier in 15 Vitrinen ihre

Pracht entfalten. Extra für diese Ausstellung hat die Stifterin die meisten dieser Stufen erst unmittelbar im Vorfeld der Ausstellungseröffnung erworben. Jede ist einzigartig in ihrer beeindruckenden Größe und Ausbildung. Minerale aus der ganzen Welt stehen hier in der Schatzkammer unabhängig von ihrer Herkunft beieinander. Als Erstes sehen Sie eine bizarre Malachitstufe, links davon eine beeindruckend große Apophyllitdruse und die größte Amethystdruse der Ausstellung. In der Raummitte bestechen die bernsteinfarbenen Calcite auf Sphalerit, die gewaltige Antimonitstufe sowie der meeresblaue Aquamarin auf silbergrauem Muskovit. Wenden Sie sich nun der zweiten Wandseite zu. Als Besonderheit sind zwei Achate aus dem sächsischen Schlottwitz zu sehen, wobei in der Mineralogischen Sammlung Deutschland im benachbarten KRÜGERHAUS der größte je dort gefundene zu bewundern ist. Den Abschluss bilden unter anderem dendritisches Kupfer und artischockenförmiger Quarz.

Meteoritenraum

Im letzten Raum der Ausstellung endet Ihre mineralogische Weltreise und Sie begegnen Besuchern aus dem All und ihren Spuren. Immerhin gelangen pro Tag 100 bis 1 000 Tonnen kosmisches Material auf die Erde. Meteorite, Tektite und Impaktgesteine zeugen davon. Einige besondere Fundstücke sind die schweren Eisenmeteorite mit bis zu 160 Kilogramm Gewicht und Steinmeteorite aus der Anfangszeit unseres Sonnensystems sowie von Mars und Mond. Teil eines Stein-Eisen-Meteoriten war die Pallasitplatte mit ihren Olivineinschlüssen in Nickeleisen. Auf der gegenüberliegenden Seite sehen Sie Tektite, die beim Einschlag von Meteoriten auf die Erde entstehen können. Das aufgeschmolzene irdische Material ist glasartig erstarrt und formte dabei unter anderem das Libysche Wüstenglas und die böhmischen Moldavite. Zu den anderen Zeugen eines Einschlags zählen die Impaktgesteine, von denen mannshohe Platten links vom Ausgang den Abschluss Ihres Besuches bilden.

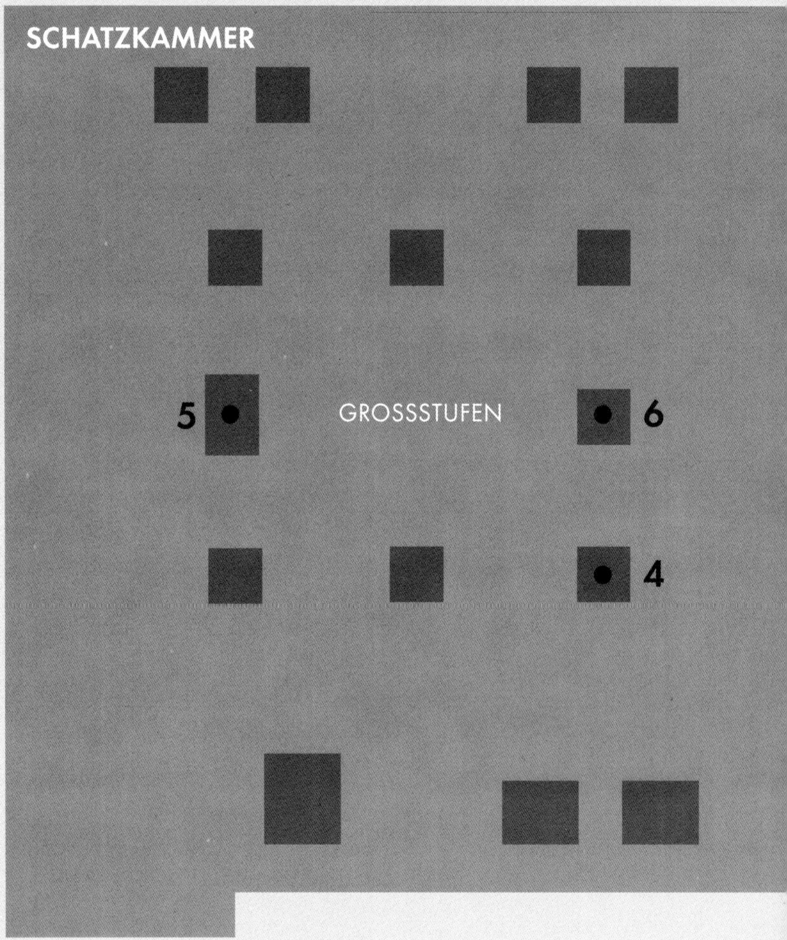
SCHATZKAMMER
5
GROSSSTUFEN
6
4

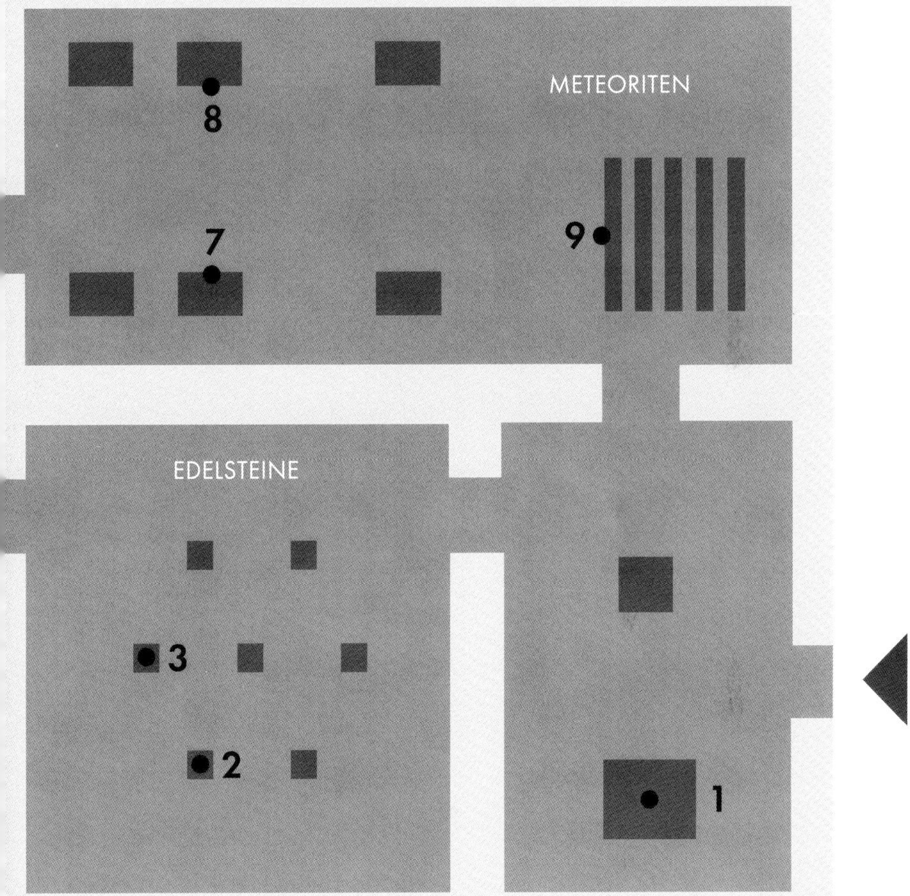
METEORITEN
8
7
9
EDELSTEINE
3
2
1

1 CALCIT AUF AMETHYST

Rio Grande do Sul, Brasilien
92 × 67 cm

Diese Stufe ist nicht nur die attraktivste, sondern auch die wissenschaftlich interessanteste Amethyststufe der terra mineralia. Der wunderschöne dunkelviolette Amethyst ist bereits ein Highlight, gekrönt wird die Druse aber durch einen wie hineingestellt wirkenden Calcitkristall.

Natürlich ist das nicht der Fall: Vielmehr kristallisierte er aus hydrothermalen Lösungen, die nach der Bildung des Amethysts in den Hohlraum eindrangen. Ist die Bildung dieser Stufe bis dahin erklärbar, bleibt die Frage, wie auf den Calcitkristall wiederum Amethyst aufwachsen konnte, noch unbeantwortet. Die Lösungen, aus denen die zweite Generation Amethyst kristallisierte, hätten eigentlich den Calcit auflösen müssen. Aber im Gegenteil, bei genauer Betrachtung erkennt man, dass er gemeinsam mit dem Amethyst gewachsen ist. Dieses »Kunstwerk« wird also noch ein Rätsel bleiben.

Der Amethyst ist eine Quarzvarietät, die ihre violette Farbe Spuren von Eisen und einer natürlichen radioaktiven Strahlung verdankt. Bereits seit dem 3. Jahrtausend v. Chr. wurden die farbintensiven Kristalle zu attraktivem und preiswertem Schmuck und Siegeln verarbeitet. Denn er ist relativ hart und kann sogar im Brillantschliff bearbeitet werden.

Himmelsfürst Fundgrube, Brand-Erbisdorf bei Freiberg, Sachsen, Deutschland 5,5 × 15,5 cm

Silber – Element, Mineral und Edelmetall – ist seit Jahrtausenden bekannt und als Münze, Schmuck, Gebrauchsgegenstand oder als Industrierohstoff ungemein wichtig. Die Geschichte Freibergs fußt auf seinem ungeheuren Silberreichtum: Circa 80 Prozent des sächsischen Silbers kamen aus diesem Revier und bildeten die Grundlage für Sachsens Reichtum und Wohlstand. In den 800 Jahren Bergbaugeschichte Freibergs wurden 5500 Tonnen Silber gewonnen, wobei die Hauptmenge aus der Grube Himmelsfürst stammt.

Gediegenes Silber kristallisiert in vielen Formen aus: als Würfel, als moosartige oder dendritische Aggregate oder als sogenannte Silberlocken. Dabei ist es beinahe unvorstellbar, dass diese filigranen Locken das Ergebnis natürlicher chemischer Reaktionen sind:

Häufig ist der Ausgangspunkt des Lockenwachstums das Silbersulfid Akanthit. Dieses kann entweder hydrothermal oder durch Verwitterungsprozesse aus Galenit entstanden sein. Wird der Schwefel des Akanthit oxidiert, treten durch feinste Risse und Spalten Silberionen aus. Sie gelangen zum nächsten Hohlraum, wo die Locken wie menschliche Haare wachsen können: Der älteste Teil befindet sich an der Spitze, der jüngste an der Wurzel. Soll die Locke weiter wachsen, muss sich immer mehr Silber an der Wurzel ansetzen.

3 LASURIT (LAPISLAZULI)

Sar-e-Sang, Badachschan, Afghanistan
Kristallgröße 2,5 cm

Beim Lasurit denken wir sofort an den bekannten Lapislazuli. Das liegt nahe, da das Mineralgemisch Lapislazuli seinen kräftigen blauen Farbton dem hohen Anteil an Lasurit verdankt. Daneben kann es noch weitere Minerale wie Pyrit, Calcit, Sodalith und Haüyn enthalten. Insbesondere der Calcit und der Pyrit sorgen dafür, dass der blaue Lapislazuli von weißen Adern und goldfarbenen Sprenkeln und Flecken durchsetzt ist. Daher wurde er oft mit einem von goldenen Sternen bedeckten Himmel verglichen. In der Schmuckindustrie wird Lapislazuli dann gern mit Gold verarbeitet, während solcher mit hellem Calcit bevorzugt in Silber gefasst wird. Während das Mineral Lasurit erst im 19. Jahrhundert in Afghanistan von europäischen Wissenschaftlern beschrieben wurde, genoss der Lapislazuli schon in der Antike bei vielen Kulturen als Schmuck- und Dekorstein höchste Wertschätzung: Zum Beispiel ist die Maske des Tutanchamun (14. Jahrhundert v. Chr.) mit dem seltenen blauen Stein verziert. Auch die Sumerer, Griechen, Römer und die Indianer Südamerikas – sie alle kannten und verarbeiteten den Lapislazuli. Sogar Marco Polo (1254–1324) erwähnte die reichen Lapislazulivorkommen am Hindukusch und noch heute liefern sie den begehrten Schmuckstein. Die Abbaugebiete befinden sich auf einer Höhe zwischen 3500 und 5500 Metern und sind daher ausschließlich in den Sommermonaten erreichbar.

4 MALACHIT-STALAKTITEN

Star of the Congo Mine, Lubumbashi, Katanga, Demokratische Republik Kongo
51 × 38 cm

Dieses Kupferkarbonat, das wie hier in sehr Fantasie anregender Ausbildung vorkommen kann, ist Ihnen bereits im Afrika-Saal begegnet. Viele der dort ausgestellten Malachitstufen stammen aus dem zentralafrikanischen Kupfergürtel, einer Region mit reichen Kupfervorkommen, die sich von Sambia über den Südosten der Demokratischen Republik Kongo bis nach Angola erstreckt. In der Provinz Katanga liegt die Stadt Lubumbashi, die seit jeher ein Zentrum der Kupfergewinnung ist.

Das Kupfer konnte vor Ort direkt durch Erhitzen auf rund 800 Grad Celsius aus Malachit gewonnen werden. Von hier gelangte es schon vor Jahrhunderten über Angola und den Seeweg nach Europa. Noch viel früher oblag die Kupfergewinnung nur den Zauberern, die zugleich Metallurgen waren. Es handelte sich um einen geheimnisumwitterten Vorgang, der nur Eingeweihten vorbehalten war. Den Malachit fanden sie nahe der Erdoberfläche in der Oxidationszone von Kupferlagerstätten. Auch die stalaktitenartigen Formen sind dort entstanden.

Der Name Malachit leitet sich vom griechischen Wort *malache* ab, das »Malve« bedeutet. Denn die Farbe des Minerals ähnelt der Farbe der Malvenblätter. Heutzutage wird Malachit nicht mehr zur Kupfergewinnung abgebaut, sondern direkt zu Schmuck, Vasen, Schreibgarnituren, Schatullen, Dosen und sogar ganzen Tischplatten verarbeitet.

5 ANTIMONIT

Qingjiang, Wuning, Jiangxi, China
76 × 59 cm

Stibnit, Antimonit oder Antimonglanz, dies sind alles noch heute gebräuchliche Namen für ein Mineral, das in solch einer außergewöhnlichen Ausprägung vorkommt. Antimonit findet man in Antimon-, Blei-, Silber-, oder Quecksilberlagerstätten. Das gigantische Exemplar in der Schatzkammer ist eine der schönsten und größten Antimonitstufen in einem Museum weltweit. Sie wurde 2004 in einem Bergwerk in der südöstlichen Provinz Jiangxi in einem großen Hohlraum mit vielen Kristallen, die bis zu einem Meter lang waren, entdeckt. Der Sammlerwert von Kristallen dieser Art war den chinesischen Bergleuten anfangs nicht bekannt und daher verpackten sie sie einfach als Erz in Säcken. Nur wenige Stufen gelangten somit unbeschadet in den Handel.

Obwohl man anderes vermuten würde, sind die länglichen, prismatischen oder nadeligen Kristalle des Antimonits sehr weich und spröde, wodurch sie schnell zerbrechen. Das Mineral bringt es auf der Mohs'schen Härteskala nur bis zur Härte 2. Chemisch gesehen ist Antimonit ein Antimonsulfid, es enthält zu fast 72 Prozent Antimon und zu 28 Prozent Schwefel.

Das sehr seltene Element Antimon hat eine beachtliche wirtschaftliche Bedeutung: Es wird als Stahlveredler, als Flammschutzmittel in Polymeren, als Zumischung in Batterieblei und in der Halbleiterindustrie verwendet.

6 BARYT, QUARZ

Jinkouhe, Sichuan, China
45 × 30 cm, Kristallgröße bis 10 cm

Diese auffällige Stufe beeindruckt durch die scheinbar eingearbeiteten rechteckigen fensterartigen Gebilde. Unter Sammlern etablierte sich daher die Bezeichnung »Fensterbaryt«. Eine mögliche Erklärung für diese seltene Form ist, dass eine zweite Generation von Baryt unter anderen Bildungsbedingungen, beispielsweise niedrigeren Temperaturen, auf die bereits vorhandenen Kristalle aufgewachsen ist. Während der innere, ältere Baryt relativ durchsichtig ist, wie Sie sehen, erscheint die äußere, jüngere Generation milchig-trüb. Warum die zweite Generation die vorhandenen Kristalle nicht völlig umhüllt, lässt sich dadurch begründen, dass bei dem Kristallwachstum grundsätzlich nicht alle Flächen gleichermaßen wachsen. Die Stoffanlagerung erfolgte an den verschiedenen Flächen aufgrund anderer Oberflächenspannungen unterschiedlich.

Zusammengesetzt ist der Baryt aus Barium, Sauerstoff und Schwefel. Er hat eine hohe Dichte, was zum Namen Schwerspat führte, denn *barys* aus dem Griechischen bedeutet »schwer«. Seine Farben weisen bevorzugt zarte, pastellige Nuancen auf und reichen von Weiß über Bernstein- und Honigfarben bis hin zu Grau und Blau.

Baryt ist ein sehr wichtiges Industriemineral und wird unter anderem als Schwerespülung bei Tiefbohrungen, zur Herstellung von Hochglanz- und Fotopapier, als Kontrastmittel in der Medizin sowie im Strahlenschutz verwendet.

7A MARSMETEORIT (SHERGOTTIT)

Dar al Gani, Sahara, Libyen · 8,5 × 5 cm

Mineralogische Sammlung TU Bergakademie Freiberg

7B MONDMETEORIT (ANORTHOSIT)

Dar al Gani, Sahara, Libyen · 9 × 7 cm

Mineralogische Sammlung TU Bergakademie Freiberg

Mond- oder Marsmeteoriten gehören zu den seltensten Gesteinen, die es auf der Erde gibt. Bislang wurden seit 1979 nur etwas mehr als 90 Meteorite vom Mond auf der Erde entdeckt. Wie kommen sie aber vom Mond oder dem Mars auf die Erde? Regelmäßig schlagen große Meteorite auf den Mond oder Mars ein. Dabei wird Gestein ins Weltall geschleudert und nach Millionen von Jahren erreichen diese Bruchstücke die Erde. Dass es sich tatsächlich um Gesteine vom Mond handelt, kann an Hand von Vergleichsmaterial bestimmt werden, welches zum Beispiel bei den Apollo-Missionen zur Erde mitgebracht wurde.

Bei Marsgestein wird es schon etwas schwieriger, da noch keine Mission Material zur Erde gebracht hat. Gaseinschlüsse in den Meteoriten wiesen dieselbe Zusammensetzung wie die Mars-Atmosphäre auf, doch den Durchbruch bildeten Analysedaten von Mineralen und Gesteinen, die vom Mars-Rover Curiosity seit 2012 zur Erde gefunkt werden. Was genau vergleichen aber die Wissenschaftler? Die chemische Zusammensetzung der Gesteine, die enthaltenen Minerale und die Isotopenhäufigkeit der Elemente geben ihnen Anhaltspunkte über den genauen Ursprungsort der Meteorite. Von den Marsmeteoriten erhoffen sich Forscher außerdem Hinweise auf außerirdisches Leben.

8 TEKTIT (MOLDAVIT)

Dobrkovska Lhotka, Böhmen, Tschechische Republik
6,5 × 4,7 × 1,3 cm
Mineralogische Sammlung TU Bergakademie Freiberg

Unter den Gesteinen gibt es auch Sonderlinge, wie zum Beispiel die Tektite. Diese sind durch Einschläge von Meteoriten oder Asteroiden entstanden: Vor circa 15 Millionen Jahren schlug mit über 70 000 Kilometern pro Stunde beim schwäbischen Nördlingen ein Asteroid mit einem Durchmesser von circa 1 500 Metern auf die Erde und hinterließ einen Krater mit einem Durchmesser von rund 25 Kilometern. Dabei wurde geschmolzenes irdisches Gestein mit bis zu 25-facher Schallgeschwindigkeit in die Atmosphäre geschleudert, kühlte noch im Flug ab und fiel 400 Kilometer entfernt in Tschechien zu Boden. Durch die Abkühlung formten sich glasartige Scheiben, Tropfen, Kugeln oder Birnen. Diese natürlichen Gläser haben wie industrielles Glas keine kristalline Struktur. Die am tschechischen Fluss Moldau gefundenen, meist grünlichen Objekte wurden unter dem Namen Moldavite bekannt, denn Tektite werden in der Regel nach ihrem Fundgebiet benannt: So gibt es außerdem in Südostasien die braunschwarzen Indochinite sowie in Australien die Australite und in Nordafrika das gelbliche Gesteinsglas, das sogenannte Libysche Wüstenglas.

Tektite sind sehr selten und ihre Verwendung beschränkt sich auf die Verarbeitung zu Schmuck.

9 IMPAKTBREKZIE AUS DEM VREDEFORT-KRATER

Südafrika
200 × 180 cm, Bildbreite ca. 30 cm

Die acht senkrecht aufgestellten Gesteinsplatten einer Impaktbrekzie sind das Zeugnis einer der größten geologischen Katastrophen unseres Planeten. Vor etwa zwei Milliarden Jahren ist ein Asteroid mit dem gigantischen Ausmaß von fünf bis 15 Kilometern und einer Geschwindigkeit von circa 70 000 Kilometern pro Stunde in der Nähe vom heutigen Johannesburg in Südafrika eingeschlagen. Er hinterließ den größten und ältesten bekannten Meteoritenkrater der Welt: 320 Kilometer lang und 180 Kilometer breit. Zum Vergleich: Der auf der Halbinsel Yukatan vor 65 Millionen Jahren eingeschlagene Meteorit hinterließ einen Krater von nur 180 Kilometern Durchmesser. Hätte es vor zwei Milliarden Jahren auf der Erde bereits höher entwickelte Lebewesen gegeben, sie wären auf einen Schlag ausgelöscht worden. Was damals unseren Planeten bewohnte, waren nur einfache bakterielle Lebensformen, die im Wasser überlebten. Was ereignete sich aber beim Aufprall? Der Krater war schon Sekunden nach dem Einschlag 50 Kilometer tief und es bildete sich ein Magmasee aus Impaktschmelzen. Dieses Magma sowie durch Reibung entstandene Schmelzen wurden in die Zwischenräume der aufgebrochenen Gesteinsschollen gepresst. Genau das sehen Sie auf den Platten – zerbrochenes Gestein durchsetzt von dunklen Schlieren glasartig erstarrter Schmelzen, der sogenannten Pseudotachylite.

Wir hoffen, dass die Dauerausstellung terra mineralia Sie begeistert hat und die vielfältige Welt der Minerale Sie in Staunen versetzen konnte. Zusätzlich finden häufig Sonderausstellungen im Vortragssaal statt. Ein Blick in die ständig wechselnde Ausstellung des Sächsischen Bergarchivs im Eingangsbereich ist ebenfalls sehr zu empfehlen. Unser Museumsshop bietet für Groß und Klein zahlreiche Inspirationen, um sich mit dem faszinierenden Thema weiter zu befassen und vielleicht dem Beispiel unserer Stifterin zu folgen.

Glück auf!

INFOTH

POHL-STRÖHER

MINERALIENSTIFTUNG

Grünes Licht für die Ausstellung terra mineralia gab es im Jahr 2004 mit der Gründung der Pohl-Ströher Mineralienstiftung in der Schweiz und dem Abschluss eines Dauerleihvertrages mit der TU Bergakademie Freiberg. Die Stifterin Dr. Erika Pohl-Ströher brachte hierin einen großen Teil ihrer mineralogischen Sammlung ein, die als eine der größten privaten Sammlungen der Welt gilt. Als Zweck der Stiftung wurde vereinbart, die Sammlung öffentlich zugänglich zu machen, große Teile auszustellen sowie die wissenschaftliche Betreuung zu sichern. Mit der Sanierung von Schloss Freudenstein wurde ein besonderer Ausstellungs- und Erlebnisort geschaffen und die terra mineralia Ende Oktober 2008 eröffnet, um die 3 500 schönsten Stufen zu präsentieren. Die nicht ausgestellten Schätze lagern in einem umfangreichen Depot, wo sie für Forschungszwecke jederzeit zugänglich sind.

Erika Ströher wurde 1919 im sächsischen Wurzen geboren und wuchs im vogtländischen Rothenkirchen auf. Ihr Lebensweg war wesentlich durch die Firma »Wella« geprägt, für die ihr Großvater im Jahre 1880 den Grundstein legte. Sie studierte in Jena Chemie und Biologie und promovierte im Fach Biologie. Auch für Minerale interessierte sie sich schon in jungen Jahren: Während einer Kur in Bad Gastein begeisterte sie sich für die schönen Quarzstufen, die als Souvenir angeboten wurden und fing von da an, unregelmäßig zu sammeln. Erst als die Kinder das Haus verließen, wurde sie zur leidenschaftlichen Sammlerin: Nach den Mineralen aus dem alpinen Raum, dem Erzgebirge und weiteren regionalen Fundstellen wandte sie sich nach und nach Osteuropa, Afrika und Amerika zu. Seit Mitte der 90er Jahre entdeckte sie ihre Leidenschaft vor allem für China, Pakistan und Afghanistan. Aus all diesen Ländern trug sie mehr als 80 000 Stufen zusammen und hat so innerhalb von sechs Jahrzehnten eine umfangreiche Kollektion aufgebaut, die nach regionalen Gesichtspunkten geordnet ist und vor allem durch erstklassige Qualität und Ästhetik besticht.

Dr. Erika Pohl-Ströher hatte sich dabei im Laufe der Jahre ein internationales Netz von Tauschpartnern und Händlern in aller Welt geschaffen, das sie mit aktuellen Informationen zu außergewöhnlichen Mineralfunden versorgte. So konnte sie ihrer Sammlung stets neue attraktive Stufen hinzufügen.

Für ihr geowissenschaftliches Engagement ist Dr. Erika Pohl-Ströher vielfach geehrt worden. 2004 wurde sie vom Berufsverband Deutscher Geologen (BDG) mit dem »Stein im Brett« ausgezeichnet. Der Freistaat Sachsen verlieh ihr 2005 den Sächsischen Verdienstorden und von der TU Bergakademie Freiberg wurde sie zur Ehrensenatorin ernannt. 2008 erhielt sie für ihre Leistung für die Wissenschaft die Ehrendoktorwürde der Fakultät für Geowissenschaften, Geotechnik und Bergbau der TU Bergakademie. Außerdem wurde ihr zu Ehren sogar ein neues Mineral von der bekannten Fundstelle Tsumeb als »Erikapohlit« benannt. Ein Vertreter davon kann auch in der terra mineralia im Afrika-Saal bestaunt werden. Doch wichtiger als all diese Ehrungen war und ist es für sie, die Jugend wieder verstärkt für die Naturwissenschaften zu begeistern. So freute sie sich besonders, dass in der terra mineralia von Anfang an ein sehr umfangreiches museumspädagogisches Programm entwickelt wurde und damit ihr Herzenswunsch in Erfüllung ging.

Doch nicht nur die Welt der Minerale hat es ihr angetan. Unweit von Freiberg in der Stadt Annaberg-Buchholz können Sie ihre Sammlung erzgebirgischer Volkskunst und von Kunsthandwerk im Erlebnismuseum »Manufaktur der Träume« bewundern. Im Depot Pohl-Ströher in Gelenau hingegen sind Volkskunst, historische Spielzeuge, Weihnachtliches und Österliches zweimal jährlich zu sehen.

KURZE SCHLOSS-GESCHICHTE

1175 ließ Markgraf Otto von Meißen (später »Otto der Reiche«) zum Schutz des Silberbergbaus bei Christiansdorf (dem heutigen Freiberg) eine mittelalterliche Burg errichten. Neben der Wehrfunktion diente die Burganlage als Wohn- und Verwaltungssitz der Wettiner und als kurfürstliche Münzstätte.

Der Name »Freudenstein« taucht erstmals 1525 unter Herzog Heinrich dem Frommen auf. Er war der Bruder des in Dresden regierenden Herzogs Georg und erhielt 1505 die Ämter Freiberg und Wolkenstein als eigenes Herrschaftsgebiet, wobei er mit seiner Ehefrau Katharina von Mecklenburg vornehmlich in der Freiberger Burg residierte. Angeblich geht der Name der Burg auf die glückliche Ehe der beiden zurück, aus der sechs Kinder hervorgegangen sind. Sein Sohn, Kurfürst August I., ließ zwischen 1566 und 1577 die Burg zu einem Renaissanceschloss ausbauen. Für den Neubau, eine Vierflügelanlage, wurden Teile der alten Burg abgerissen. Als architektonische Besonderheit gilt dabei die zweiarmige, gegenläufige Haupttreppe im Langen Haus – eine der ersten dieser Art in Sachsen! Diese Renaissancetreppe verbindet noch heute die vier Hauptsäle miteinander.

Gegen Ende des 17. Jahrhunderts verlor das Schloss an Bedeutung. Die Anlage diente meist nur vorübergehend als Aufenthaltsort der Wettiner. Einer der letzten prominenten Gäste war der russische Zar Peter I., der während seiner Studien zum sächsischen Montanwesen 1711 in Freiberg Station machte und den Zustand des Schlosses bereits als »baufällig« bewertete. Zum Ende des Siebenjährigen Krieges diente das Schloss schließlich als

Gefängnis. Dabei wurde die Inneneinrichtung gänzlich zerstört. Später übernahm das Militär die Schlossruine und baute sie zum Getreidespeicher um, indem in die leeren, hohen Säle hölzerne Speicherkonstruktionen eingefügt wurden. Die Fassade wird seitdem durch kleinformatige Fenster bestimmt.

Eine wechselnde Nutzung erlebten die Mauern im 19. und 20. Jahrhundert. In der Zeit der Napoleonischen Kriege diente das Schloss als Lazarett, Arsenal und Gefängnis, ebenso im Ersten Weltkrieg. Im Zweiten Weltkrieg war es Wehrmachtsstandort und beherbergte Kriegsgefangene. Nach dem Krieg diente es bis 1979 erneut als Getreidespeicher. Zwischen 1978 und 1990 sollte hier eine »Stätte gesellschaftlicher Begegnungen« entstehen, diese konnte aber aufgrund finanzieller und technischer Hürden nicht realisiert werden. So gab es zeitweise lediglich eine Schlossgaststätte, die sich dort befand, wo heute im Kellergeschoss der Vortragssaal untergebracht ist. Auch ein Jugendclub sorgte zeitweise für wilde Feiern in den alten Mauern, bis das Schloss Anfang der 1990er Jahre endgültig in einen Dornröschenschlaf versank.

Auf der Suche nach einer repräsentativen Ausstellungsmöglichkeit für die Pohl-Ströher Mineralienstiftung und das Bergarchiv bot sich 2003 das damals leer stehende Schloss an. Die Stadt Freiberg kaufte das Schloss von einem privaten Investor. Der Umbau und die Sanierung wurden dagegen gemeinsam von dem Europäischen Fonds für Regionalentwicklung, dem Freistaat Sachsen und der Stadt Freiberg finanziert. Am 1. Juli 2004 erfolgte die feierliche Grundsteinlegung und im April 2007 war schließlich Richtfest. Nach der Schlüsselübergabe im Januar 2008 zogen die Minerale zuerst in das Depot im Schloss und schließlich in die Ausstellungsräume ein. Den Besuchern der terra mineralia steht das Schloss Freudenstein seit Ende Oktober 2008 offen. Mit den neuen Schlossherren ist das Bauwerk heute ein florierender Ort der Begegnung von Wissenschaft und Bildung, Kunst und Kultur geworden.

KRÜGER-HAUS

EINE MINERALOGISCHE REISE DURCH DEUTSCHLAND

Im KRÜGERHAUS wird seit Oktober 2012 direkt vor den Toren von Schloss Freudenstein eine Dauerausstellung mit erstklassigen Stufen aus den mineralogisch interessantesten Gegenden Deutschlands präsentiert. Die »Mineralogische Sammlung Deutschland« vervollständigt damit die terra mineralia mit ihren Mineralen aus der ganzen Welt. Ihre Reise beginnt in Sachsen mit Stufen von Fundorten im Erzgebirge und dem Vogtland und führt weiter über das Sauerland, das Ruhrgebiet, das Weser-Bergland, den Odenwald, die Eifel und den Taunus bis in den Schwarzwald, das Saarland, nach Schleswig-Holstein und in den Bayerischen Wald. Den Abschluss bildet eine kleine Schatzkammer mit Edel- und Schmucksteinen aus Deutschland.

Die Ausstellung zeigt unter anderem den größten Haüyn der Welt aus der Eifel, fantastische Freiberger Silberlocken, riesige Barytstufen aus dem Sauerland, grüne Pyromorphite aus Bad Ems, himbeerfarbene Rhodochrosite aus dem Siegerland, honiggelbe Fluorite aus der Oberpfalz und große Halitwürfel aus

Thüringen. Wie in der terra mineralia kann man während der Reise in jeder Etage einen kleinen Abstecher machen: zur Galerie der Sammler, der Galerie der Modelle und der Galerie der Varietäten.

Galerie der Sammler

Von Großbildschirmen sprechen zu Ihnen zwölf Sammler – darunter Studenten, Wissenschaftler und Minister – und erzählen, wie sie zu diesem Hobby gekommen sind und was das Phänomen des Sammelns ausmacht.

Galerie der Modelle

Aus den 1880er Jahren ist hier eine komplette Sammlung von historischen Kristallmodellen erhalten. Die 743 beeindruckenden Holzmodelle zeugen von der schier unbegrenzten Vielfalt der Mineralformen in der Natur. Daneben belegen weitere historische Kristallmodelle die Entwicklung der Kristallografie und den Einsatz dieser Modelle in der Lehre.

Galerie der Varietäten

Deutschland weist eine besonders große Zahl von Fundstellen des Achates auf. Prächtige Vertreter dieser Quarzvarietät präsentieren sich hier in all ihrer Vielfalt und beeindrucken mit einem außergewöhnlichen Farbenspiel und unterschiedlichsten Zeichnungen.

Die Ausstellungsobjekte stammen zum großen Teil aus der Pohl-Ströher Mineralienstiftung und im wachsenden Maße aus der Stiftung »Mineralogische Sammlung Deutschland«. Diese wurde an der TU Bergakademie Freiberg gegründet, um privaten Sammlern und Museen die Möglichkeit zu bieten, die Ausstellung durch ihre Minerale aktiv mitzugestalten. Damit wurde der Grundstock zu einer mineralogischen Nationalsammlung Deutschlands gelegt, welcher ständig weiter ausgebaut wird.

Das ehemalige Amtshaus ist von stadt- und landesgeschichtlicher Bedeutung und wurde von der Eigentümerin Erika Krüger ab 2007 behutsam und detailgetreu mithilfe von Fördermitteln des Freistaats Sachsen, der Stadt Freiberg und der Dr.-Erich-Krüger-Stiftung komplett saniert. Letztere wurde von dem gebürtigen Freiberger Dr. Peter Krüger gegründet, um Forschungsprojekte an der TU Bergakademie Freiberg zu unterstützen. So entstanden das Hochdruckforschungszentrum, das Biohydrometallurgische Zentrum und das Ausstellungsgebäude für die »Mineralogische Sammlung Deutschland«. Es ist dem großen Engagement seiner Gattin Dr. Erika Krüger zu verdanken, dass das Krügerhausprojekt nach dem unerwarteten Ableben von Dr. Peter Krüger im Juli 2007 erfolgreich zu Ende geführt wurde. In Würdigung des Engagements der Familie Krüger für die Universität und die Stadt Freiberg trägt das Gebäude den Namen KRÜGERHAUS und beide erhielten von der Fakultät für Werkstoffwissenschaften und Werkstofftechnologie der TU Bergakademie Freiberg die Ehrendoktorwürde.

ABRAHAM-GOTTLOB-WERNER-BAU

EINE REISE DURCH DIE MINERALOGISCHE SYSTEMATIK

Wenige Gehminuten vom Schloss Freudenstein entfernt gelangen Sie durch die Brennhausgasse zum Abraham-Gottlob-Werner-Bau, in dem sich das Institut für Mineralogie und die Geowissenschaftlichen Sammlungen der TU Bergakademie Freiberg befinden. Nehmen Sie die Treppe oder den Aufzug bis in die oberste Etage. Dort werden Sie von den drei Ausstellungsräumen der Mineralogischen, Petrologischen und Lagerstätten-Sammlung empfangen, die Teile der Geowissenschaftlichen Sammlungen sind.

Insgesamt beherbergen diese Sammlungen fast zwei Millionen Objekte und gehören damit zu den größten und auch ältesten Universitätssammlungen der Welt.

Der Grundstock zur Mineralogischen Sammlung wurde schon mit der Gründung der Bergakademie im Jahr 1765 gelegt. Berühmte Lehrer und Wissenschaftler wie Werner, Mohs, Breithaupt, Weisbach, Kolbeck und Rösler haben an der Bergakademie gewirkt und gleichzeitig auch die Sammlung maßgeblich geprägt. Heute umfasst die Mineralogische Sammlung nahezu 100 000 inventarisierte Objekte und eine Vorratssammlung mit mehr als 200 000 Exemplaren, die zum Tausch für Neuerwerbungen und für Analysezwecke verwendet werden können.

Im Foyer der Sammlungen werden regelmäßig Sonderausstellungen gezeigt. Hier sehen Sie auch ein kunstvolles Portal, das nach Entwürfen des Geologen Bernhard

von Cotta angefertigt wurde. Rechts davon werden aktuelle Neuzugänge gezeigt, die durch Tausch, Schenkung, eigene Aufsammlung oder seltener durch Kauf erworben wurden. Links sind Originale aus der Werner-Sammlung zu sehen, die seine Methode der Mineralcharakterisierung nach äußeren Eigenschaften illustriert, die im Wesentlichen heute noch gültig ist und gelehrt wird. Wenn Sie sich weiter nach links wenden, gelangen Sie in die mineralogische Ausstellung mit 4 500 Exponaten. Diese ist, wie auch die anderen Ausstellungen im Hause, wissenschaftlich aufgebaut und dient in erster Linie der Ausbildung der Studenten an der TU Bergakademie. Im vorderen größeren Raum folgt die Anordnung der Minerale der internationalen Systematik, das heißt, nach chemischen und kristallstrukturellen

Prinzipien. Im Uhrzeigersinn finden Sie, links angefangen, Elementminerale wie Gold, Silber oder Diamant, gefolgt von Sulfiden, Halogeniden, Oxiden und Hydroxiden, Carbonaten, Sulfaten, Boraten und Silikaten. Es werden Minerale aus der ganzen Welt präsentiert, um verschiedenartige Ausbildungen oder Mineralvergesellschaftungen zeigen zu können. Attraktive Großstufen, Edel- und Schmucksteine, Pseudomorphosen und Meteorite runden die Ausstellung ab.

Im hinteren Raum sind die Minerale nach regionalen Gesichtspunkten geordnet. Minerale des heimischen Erzgebirges und weiterer sächsischer Fundorte sowie angrenzender Bereiche, wie der Thüringer Wald und der Ostharz, bildeten natürlich den Schwerpunkt der Sammelaktivitäten.

Vom Foyer aus gelangen Sie auch in die Petrologische Ausstellung und in die Räume der Lagerstätten-Sammlung. In der Petrologischen Sammlung sind Gesteine nach ihren geologischen Hauptbildungsbereichen geordnet. Magmatische, sedimentäre und metamorphe Gesteine von weltweiten Fundorten sind hier zu sehen. In der Lagerstätten-Sammlung werden mineralische Rohstoffe gezeigt, die in drei getrennten Bereichen nach Entstehung, Verwendung bzw. Erzinhalt und nach dem Alter geordnet sind. Insgesamt können Sie im Werner-Bau mehr als 9000 Exponate sehen. In einer weiteren bedeutenden Ausstellung, die sich im Alexander-von-Humboldt-Bau befindet, werden durch die Paläontologische und die Stratigrafische Sammlung Fossilien und die Entwicklungsgeschichte unserer Erde präsentiert.

Im 1. Obergeschoss werden in weiteren Vitrinen historische Instrumente zur Mineralbestimmung und Mineralanalytik der Freiberger Mineralogie gezeigt.

KLEINES REISE-LEXIKON

Alpine Klüfte Spezieller Typ von Zerrklüften in allen Hochgebirgen der Erde, in deren Hohlräumen oft hervorragend kristallisierte Minerale auftreten. Beispiele sind Feldspäte, Bergkristall, Calcit und Hämatit (Eisenrose).

Amorph »Ohne Gestalt«, die Atome eines Minerals sind ohne periodische Struktur (z. B. Mineral: Opal, Gesteine: Obsidian, Moldavit); im Gegensatz zu kristallin.

Basische Gesteine Der Siliziumgehalt (als Siliziumdioxid SiO_2 angegeben) ist das Kriterium der chemischen Klassifizierung magmatischer Gesteine. Saure Magmatite enthalten >63 Prozent, intermediäre 63 – 52 Prozent, basische 52 – 45 Prozent und ultrabasische <45 Prrozent SiO_2.

Bohrkopf Bohrwerkzeug für Festgestein, bei dem kein Bohrkern, sondern nur Bohrklein gewonnen wird.

Breithaupt, Johann Friedrich August (1791 – 1873) Wurde 1813 Lehrer für Mineralogie an der Freiberger Bergschule und Leiter der Sammlungen der Bergakademie. Nach Werners Tod (1817) übernahm Breithaupt dessen Mineralogievorlesungen, bis ihn 1818 Mohs ablöste. Als Mohs 1826 Freiberg schließlich verließ, erhielt Breithaupt die Professur für Mineralogie, die er bis 1866 bekleidete. Als seine bedeutendste wissenschaftliche Leistung gilt die Paragenesen-Lehre, die erklärt, dass bestimmte Minerale gesetzmäßig gemeinsam auftreten.

Cabochonschliff Glatte, runde / ovale Schliffform von Schmucksteinen, bei der die untere Seite flach und die obere Seite nach außen gewölbt ist (»mugelig«).

Chemische Verwitterung Gesteinszerstörung an Ort und Stelle durch chemische Prozesse unter Wirkung von zirkulierendem Wasser, Sauerstoff und Mikroorganismen.

Dekkan-Plateau Circa 500 000 Quadratkilometer große Tafelberglandschaft im Südwesten Indiens mit einer etwa 2 000 Meter mächtigen Abfolge vulkanischer Gesteine (Flutbasalte).

Drillinge ▶ Zwillinge

Druse Von Kristallen ausgekleideter, aber nicht völlig ausgefüllter Hohlraum im Gestein. Beispiele sind Blasenhohlräume in Vulkaniten, Gangspalten, Verwitterungs- und Karsthohlräume, Hohlräume in Fossilien.

Dünnschliff Einige Hundertstel Millimeter dünnes Plättchen von Gesteinen/Mineralen auf einem Glasträger zur Bestimmung optischer Eigenschaften mit dem Polarisationsmikroskop.

Edelstein Nach mineralogischer Definition ein seltenes und attraktives Mineral mit herausragenden optischen Eigenschaften und/oder einer brillanten Farbe ab einer Mohs-Härte 8, wobei in der Gemmologie (Edelsteinkunde) die Härte eine untergeordnete Rolle spielt.

Edelsteingürtel Region in Afghanistan/Pakistan mit zahlreichen und attraktiven Edelstein- und Schmucksteinvorkommen, stellenweise erfolgt Abbau.

Einkristall Die Mehrheit der Kristalle in der Ausstellung sind Einkristalle, deren Bausteine (Atome/Ionen/Moleküle) eine einheitliche homogene Kristallstruktur bilden. Im Gegensatz zu Gesteinen: aus vielen kleinen Einzelkristallen bestehende (polykristalline) Aggregate, wie zum Beispiel der Achat; verzwillingte Kristalle und amorphe Substanzen, wie der Opal.

Elektron Negativ geladenes Elementarteilchen, Atombaustein in der Atomhülle.

Erstbeschreibung Erste Veröffentlichung der Untersuchungsergebnisse und der Beschreibung eines neuen Minerals.

Erzmineral Metallhaltiges Mineral, unabhängig von seiner wirtschaftlichen Bedeutung.

Erz Metallhaltiges Mineralgemenge, bestehend aus Erzmineralen und Begleitmineralen (Gangart), die technisch und wirtschaftlich gewinnbar sind.

Facettenschliff Schliffart bei durchsichtigen Edel- und Schmucksteinen mit einer Vielzahl kleiner, glattpolierter Flächen (Facetten). Sie intensivieren Glanz und Farbspiel, reflektieren einfallendes Licht aus dem Edelstein heraus und verstärken dessen »Feuer«. Beispiel: Brillantschliff.

Ferromagnetisch Ferromagnetisch sind Minerale, die sich bei Raumtemperatur wie Eisen magnetisch verhalten: Sie werden von einem Magneten stark angezogen.

Fluide ▶ Hydrothermal

Fossil Körperliche Überreste und Abdrücke vorzeitlicher (über 10 000 Jahre alter) Tiere und Pflanzen in Sedimenten, einschließlich ihrer Lebensspuren wie Fährten, Exkremente und Bernstein (fossiles Harz).

Galmei Bergmännisch-hüttenmännischer Begriff für nichtsulfidische Zinkerze.

Gediegen Das Auftreten von reinen chemischen Elementen in der Natur, vor allem von Edelmetallen und Schwefel.

Gesteine Natürliche Verwachsungen von in der Regel mehreren Mineralarten. Sie können auch Fremdeinschlüsse von Mineralen und Gesteinen sowie organisches Material enthalten.

Gesteinsbildend Minerale, die in den meisten Gesteinen enthalten und damit am Aufbau der Erdkruste maßgeblich beteiligt sind. Von den ca. 5000 Mineralen (im Jahr 2015) kommen nur etwa 250 gesteinsbildend vor. Jedoch werden 90 Prozent der Gesteine der Erdkruste nur von sechs wichtigen gesteinsbildenden Mineralen/Mineralgruppen gebildet: Feldspaten, Pyroxenen und Amphibolen, Quarz, Glimmern, Tonmineralen, Calcit (in der Reihenfolge ihrer Häufigkeit).

Granit Magmatisches Tiefengestein mit mehr als 63 Gewichtsprozent Siliziumdioxid (SiO_2).

Graphen Zweidimensionale Kohlenstoff-Modifikation. Graphen entspricht einer Atomlage von Graphit (Novoselov und Geim 2004, 2010 Nobelpreis).

Hexagonal ▶ Tabelle Kristallformen S. 203

Hydrothermal Bildungsbereich vieler Minerale aus heißen wässrigen Lösungen (Fluiden). Gelöste Stoffe kristallisieren in Hohlräumen aus und können Stufen mit hoher Qualität bilden, zum Beispiel Fluorit, Baryt, Calcit und Sulfidminerale wie Pyrit und Galenit.

Idiomorph ▶ Tabelle Kristallformen S. 203

Impakt Einschlag eines größeren Himmelskörpers (Asteroiden) auf die Erde. Bei kleineren Festkörpern kosmischen Ursprungs handelt es sich um Meteoriten. Die Grenzen sind allerdings fließend.

Ionen Elektrisch geladene Atome oder Moleküle. Kationen sind positiv, Anionen negativ geladen.

Karbonatit Gestein mit einem hohen Gehalt (70–90 Prozent) an magmatisch gebildeten Karbonatmineralen (Calcit, Dolomit, Ankerit, Siderit).

Karst Chemische Verwitterungsform von Carbonat-, Sulfat- und Salzgesteinen, die zu Höhlen, Einsturztrichtern und speziellen Oberflächenformen führt. Oft kommt es dabei in Höhlen zur Tropfsteinbildung.

Kolbeck, Friedrich Ludwig Wilhelm (1860–1943) Wurde 1896 zum Professor für Probier- und Lötrohrprobierkunde an der Bergakademie Freiberg berufen. 1901 wurde er schließlich zum ordentlichen Professor für Mineralogie und Lötrohrprobierkunde und damit Nachfolger von Weisbach. Er war außerdem von 1913 bis 1915 und von 1922 bis 1923 Rektor. Durch Übernahme zahlreicher Stufen der Freiberger Reviersammlung baute er die Mineralogische Sammlung der Bergakademie entscheidend aus.

Kontaktmetamorphose und Kontaktmetasomatose Grenzbereich magmatischer Tiefengesteinskörper (Plutone) zu Gesteinen der Erdkruste. Das Wärmefeld des Plutons führt zur Umwandlung der anstehenden Gesteine, ohne dass sich der Chemismus verändert: Kontaktmetamorphose. Sind Fluide beteiligt, kommt es zum Stoffaustausch mit der Umgebung und die chemische Zusammensetzung des Gesteins wird verändert: Metasomatose.

Kristall Festkörper mit streng dreidimensional angeordneten Bausteinen (Atomen, Ionen, Molekülen). Die Kristallform spiegelt die innere Struktur und Symmetrie der Kristallstruktur wider.

Kristallform Äußere Form eines Kristalls, der seine mineralcharakteristische (idiomorphe) Gestalt ausbilden konnte. Die scheinbar unzähligen Formen von Kristallen lassen sich aufgrund ihrer Symmetrieeigenschaften in sieben Kristallsysteme und 32 Kristallklassen einordnen. Die Kristallform ist ein wichtiges Merkmal bei der Bestimmung von Mineralen. Allerdings treten ideal ausgebildete Kristalle in der Natur selten auf. Siehe Tabelle S. 203

Kubisch ▶ Tabelle Kristallformen S. 203

Kupferkarbonate Karbonate sind Salze der Kohlensäure ($H_2[CO_3]$) wie zum Beispiel die Kupferkarbonate Malachit und Azurit.

Lagerstätten Abbauwürdige Vorräte mineralischer Rohstoffe. Kriterien für die Abbauwürdigkeit sind Bedarf, Quantität, Qualität, Wirtschaftlichkeit und Ökologie.

Lumineszenz Leuchteffekt, wenn ein Elektron von einem angeregten Zustand in den Grundzustand zurückfällt. Es wird u. a. in Fluoreszenz und Phosphoreszenz (deutliches Nachleuchten) unterschieden. Die Anregung kann mittels UV-Licht, Elektronenstrahlen sowie thermisch oder mechanisch erfolgen.

Magmatische Gesteine Oder Magmatite entstehen durch Erstarrung eines geschmolzenen Gesteinsbreis, des Magmas.

Metamorphe Gesteine Oder Metamorphite sind Umwandlungsgesteine, die bei erhöhten Drücken, Temperaturen und/oder Stoffaustauschprozessen entstanden sind. Betroffen von der Umwandlung können Magmatite, Sedimentite oder bereits bestehende Metamorphite sein.

Mikroorganismen Mit bloßem Auge nicht erkennbare Organismen. Meist mikroskopisch kleine Einzeller, zum Beispiel Bakterien.

Minerale Sind natürlich gebildete, in der Regel anorganische, meist feste kristalline und stofflich homogene chemische Verbindungen bzw. Elemente. Sie bilden die Gesteine der Erde sowie aller Himmelskörper unseres Sonnensystems.

Mineralstufen Kristalle, die auf einer Gesteinsunterlage aufgewachsen sind oder als Mineralaggregate (regellose Verwachsungen von Kristallen) vorliegen.

Mischkristalle Bei der Entstehung von Mischkristallen sind bei gleichbleibender Kristallstruktur die Komponenten mindestens zweier Minerale miteinander austauschbar. Im Beispiel Olivin $(Mg,Fe)_2[SiO_4]$ bilden die Minerale Forsterit $Mg_2[SiO_4]$ und Fayalit $Fe_2[SiO_4]$ die Endglieder einer Mischkristallreihe mit jeweils 100 Prozent Magnesium bzw. Eisen. Dazwischen bestehen beliebige Übergänge.

Montanwesen Berg- und Hüttenwesen.

Modifikation Minerale mit der gleichen chemischen Zusammensetzung, aber unterschiedlicher Kristallstruktur (Polymorphie). Zum Beispiel kann Kohlenstoff als Diamant (kubisch) und als Graphit (hexagonal) auftreten oder Calciumcarbonat kann als Calcit (trigonal), als Aragonit (orthorhombisch) oder als Vaterit (hexagonal) auftreten.

Mohs, Carl Friedrich Christian (1773–1839) Beschäftigte sich intensiv mit einer Klassifikation der Minerale nach ihren physikalischen Eigenschaften (Form, Härte, Sprödigkeit, Dichte). Seine bekannteste Leistung war die Entwicklung der nach ihm benannten Ritzhärte-Skala (siehe unten). 1818 wurde er Nachfolger seines Lehrers A. G. Werner an der Bergakademie Freiberg und 1826 folgte eine Berufung nach Graz, später nach Wien.

Mohs'sche Härteskala Bei der Ritzhärte nach Mohs werden Minerale mit Vergleichsmineralen untereinander geritzt. Das jeweils härtere Mineral ritzt das weichere und wird wiederum von einem härteren geritzt. In der zehnstufigen Skala von 1 (Talk) bis 10 (Diamant) nimmt die Härte nicht linear zu: Der Diamant ist mit Härte 10 ungefähr 140 Mal härter als der Korund mit Härte 9.

Oktaeder ▶ Tabelle Kristallformen S. 203

Opak Lichtundurchlässig.

Oxidationszone Bereich zwischen Erdoberfläche und Grundwasseroberfläche mit intensiver chemischer Verwitterung und Mineralneubildung.

Pegmatite Grob- bis riesenkörnige, oft drusenreiche, meist granitische, magmatische Gesteine. Neben zahlreichen mineralischen Rohstoffen können sie fantastische Stufen mit sehr großen Kristallen liefern, zum Beispiel Feldspäte, Quarz, Glimmerminerale, Edelsteine wie Beryll und Turmalin sowie eine Vielzahl sehr seltener Minerale.

Pentagondodekaeder ▶ Tabelle Kristallformen S. 203

Perimorphose Umhüllungspseudomorphose. Ein auf ein anderes Mineral aufgewachsenes Mineral bleibt als Hülle erhalten, während das darunterliegende teilweise oder völlig herausgelöst wurde.

Phosphoreszenz ▶ Lumineszenz

Piezoelektrischer Effekt Beschreibt die Wirkung bestimmter Kristalle auf mechanische Deformation (Druck, Torsion), bei dem sich die Kristallflächen elektrisch unterschiedlich aufladen oder beim Anlegen einer Wechselspannung zu schwingen beginnen, wie z. B. Quarz, der daher für Uhren genutzt wird.

Primäre Erzminerale Sind bei der ursprünglichen (primären) Bildung eines Gesteins oder eines Erzvorkommens entstanden und unterlagen keiner Umwandlung.

Prisma, prismatisch ▶ Tabelle Kristallformen S. 203

Pseudomorphose Ein Mineral tritt in der Gestalt eines anderen Minerals auf. Es verdrängt stofflich das Ausgangsmineral durch eigene Substanz, behält aber dessen Form bei. Ein häufiges Beispiel in der Ausstellung ist die Verdrängung von Azurit durch Malachit: »Malachit pseudomorph nach Azurit«.

Pseudotachylit An Grenzen von Gesteinsschollen durch Reibungswärme entstandenes amorphes Gesteinsglas.

Pyramide, pyramidenförmig ▶ Tabelle Kristallformen S. 203

Pyritoeder, Pentagondodekaeder ▶ Tabelle Kristallformen S. 203. Eine der typischen Kristallformen von Pyrit, daher auch »Pyritoeder« genannt.

Pyroelektrischer Effekt Beschreibt die Wirkung bestimmter Kristalle auf den Einfluss von Temperaturänderungen; Kristallflächen laden sich elektrisch unterschiedlich auf, wie bspw. Turmaline.

Rhomboeder ▶ Tabelle Kristallformen S. 203

Rösler, Hans Jürgen (1920 – 2009) Wurde 1959 Leiter des Lehrstuhls für Geochemie und Mineralogie an der Bergakademie Freiberg. Er entwickelte und prägte das Institut für Mineralogie während der DDR-Zeit und baute moderne Analysemethoden auf. Sein »Lehrbuch für Mineralogie«

wurden in zahlreichen Auflagen verlegt und genießt Weltruf, ebenso wie die »Geochemischen Tabellen«.

Sammleraufschlüsse An der Erdoberfläche frei zugängliche (aufgeschlossene) Gesteine, wo die Möglichkeit besteht, Minerale zu sammeln. Beispiele: alte Steinbrüche, Baugruben, Sandgruben, Felsen, Steilküsten, Gebirge.

Sanskrit Alt-Indische, heute weitgehend »tote« Sprache.

Saure Gesteine ▶ Basische Gesteine

Schmucksteine Minerale, die aufgrund ihrer Schönheit als Schmuck oder im Kunsthandwerk verwendet werden. Im Unterschied zu Edelsteinen besitzen sie eine geringere Mohs-Härte (<8), treten häufiger auf und/oder erreichen meist nicht die gleichen exzellenten optischen Eigenschaften.

Sedimentär Sedimentäre Gesteine oder Sedimentite entstehen durch die Ablagerung (Sedimentation) an Land und im Meer.

Seifenlagerstätten Abbauwürdige Anreicherung von Schwermineralen (Erzmineralen, Edelsteinen) in Sedimenten, die während des Transportes durch Wind-, Meeres- oder Flussströmungen entstanden sind.

Sekundäre Erzminerale Meist aus sulfidischen Primärmineralen durch chemische Verwitterungsprozesse in der Oxidationszone, durch Metamorphose oder hydrothermale Überprägung entstanden. Sie sind jünger als das Nebengestein.

Shiva Lingam »Säule des Lichtes«. Gerölle aus feinkörnigem Sandstein des Flusses Narmada in Indien. Durch die fließende Tätigkeit des Wassers werden sie bereits rundlich-oval geschliffen und für den Verkauf meist nachbearbeitet. Stellenweise sind sie durch Eisenoxid (Hämatit) rötlich gefärbt. Die längliche-ovale Form der Lingams soll die männliche Energie, die roten Einschlüsse sollen die weibliche Energie symbolisieren. Shiva gehört zu den Hauptgottheiten in der hinduistischen Mythologie.

Silizium-Einkristall ▶ Wafer

Skalenoeder ▶ Tabelle Kristallformen S. 203

Skarnminerale, Skarne Eisenreiche Calcium-Magnesium-Silikate. Sie entstehen hauptsächlich durch Stoffaustausch (▶ Metasomatose, Kontaktbereich) zwischen Fluiden und reaktionsfreudigem Karbonatgestein. Dadurch können Erzlagerstätten für eine Vielzahl von Metallen entstehen und Sammlerstufen in guter Qualität gebildet werden, wie Grossular, Andradit, Ilvait, Amphibole (z. B. Aktinolith) und Pyroxene (z. B. Hedenbergit).

Skelettartig Skelettkristalle entstehen, wenn die Anlagerung der Kristallbausteine bevorzugt an den Kanten und Ecken erfolgt. An der Stelle der Flächen entstehen dadurch Hohlformen (z. B. bei Fensterquarz, Metallen wie Kupfer und Silber, Kristallen von Schneesternen).

Spurenelemente Elemente mit einer Konzentration <0,1 Gewichtsprozent. Sie sind mitverantwortlich für die Farbe von Mineralen und eine mögliche Ursache für das Auftreten von Mineralvarietäten.

Strukturdefekte Bei allen Kristallen auftretende Fehler in der Kristallstruktur, zum Beispiel Leer- bzw. Fehlstellen. Sie können zu veränderten Eigenschaften des Minerals (z. B. Farbe, Lumineszenz) führen.

Subvulkanisch Prozesse, bei denen Magma in geringen Tiefen erstarrt (»steckenbleibt«).

Sulfidische Minerale Metall-Schwefel-Verbindungen. Sie haben als wichtige Erzminerale große wirtschaftliche Bedeutung und bilden auch attraktive Sammlerstufen.

Supraleitend Supraleiter sind Materialien, deren elektrischer Widerstand bei Unterschreiten einer bestimmten Temperatur (< –135 °C, materialabhängig) sprunghaft verschwindet. Diese Stoffe können dann verlustfrei Strom leiten.

Tektit Bei Meteoriteneinschlägen aufgeschmolzene irdische Gesteine, welche über größere Entfernungen vom Einschlagsort weggeschleudert wurden und die durch Abkühlung in der Atmosphäre oder im Weltall glasartig erstarrten.

Typlokalität Ist der Fundort, von dem ein bestimmtes Mineral zuerst beschrieben wurde und kann auch häufig namensgebend sein. So wurde der schwarze Turmalin Schörl nach seiner Typlokalität Zschorlau/Erzgebirge benannt.

Ultrabasische Gesteine ▶ basische Gesteine

UV-Licht Ultraviolette (UV-) Strahlung, die den Wellenlängenbereich von 100 bis 400 Nanometer umfasst. Sie ist für den Menschen unsichtbar und der energiereichste Teil der optischen Strahlung. Sie dient in der Ausstellung zur Anregung lumineszierender Minerale.

Varietät Minerale der gleichen chemischen Zusammensetzung und Kristallstruktur, aber unterschiedlicher Ausbildung hinsichtlich Farbe bzw. Form der Kristalle. Zum Beispiel sind Aquamarin, Morganit, Goshenit und der Smaragd Farbvarietäten von Beryll. Beispiele für Formvarietäten sind unter anderem beim Quarz der Zepterquarz, Palisadenquarz und Artischockenquarz.

Vulkanisch Prozesse, bei denen Magma an der Erdoberfläche als Lava austritt.

Wafer Runde synthetische Einkristallscheiben extrem hoher Reinheit, meist aus Halbleitermaterialien wie Silizium und Galliumarsenid. Sie dienen in der Industrie als Substrat für die Herstellung mikroelektronischer Bauelemente.

Weisbach, Albin Julius (1833 – 1901) Wurde 1857 Assistent bei Prof. Breithaupt und lehrte als Dozent Mineralogie an der Bergakademie. Er habilitierte 1860 und wurde drei Jahre später Professor der Physik. Im Jahr 1866 übernahm Weisbach die Stelle von Breithaupt und wurde Professor der Mineralogie. Er verfügte über hervorragende Kenntnisse der Mineralbeschreibung und ist Erstbeschreiber mehrerer Minerale, wie dem Argyrodit, in dem 1886 das Element Germanium an der Bergakademie durch den Chemiker Clemens Winkler entdeckt wurde. Albin Weisbach ist der Sohn des berühmten Freiberger Mathematikers und Ingenieurs Julius Weisbach.

Werner, Abraham Gottlob (1749 – 1817) Begründete die Geognosie (damalige Lehre von der Struktur und dem Bau der festen Erdkruste), ist Mitbegründer der Mineralogie und Geologie als naturwissenschaftliche Disziplinen und war führender Vertreter des Neptunismus. Er schrieb das erste Mineralbestimmungsbuch der Welt und ist daraufhin 1775 als Inspektor und Professor der Mineralogie an die Bergakademie in Freiberg berufen worden. Er lehrte hier über 40 Jahre und besaß über seine prominenten Schüler eine große Ausstrahlungskraft. Damit trug er in hohem Maße zum internationalen Ruf der TU Bergakademie Freiberg bei. Zu seinen Studenten zählte unter anderem Alexander von Humboldt. Werners wissenschaftliche Leistungen liegen in theoretischer und praktischer Hinsicht vor allem auf den Gebieten der Geologie, Mineralogie, Bergbaukunde und Eisenhüttenkunde. Außerdem baute er umfangreiche Sammlungen auf, die heute den wichtigsten historischen Grundstock der Geowissenschaftlichen Sammlungen der Bergakademie bilden. Die Deutsche Mineralogische Gesellschaft (DMG) verleiht jährlich die Abraham-Gottlob-Werner-Medaille in Gold und Silber.

Würfel ▶ Tabelle Kristallformen S. 203

Zentralafrikanischer Kupfergürtel Bedeutendstes Kupferabbaugebiet Afrikas. Es erstreckt sich über 300 Kilometer von Sambia über den südlichen Teil der Demokratischen Republik Kongo bis nach Angola.

Zonarbau Bereiche in einem Kristall mit wachstumsbedingten Unterschieden in der chemischen Zusammensetzung oder den Spurenelementgehalten. Dieser ist oft horizontal oder vertikal durch auffällige Farbzonen innerhalb des Kristalls sichtbar., z. B. beim Turmalin.

Zwillinge Zwei oder mehr Kristalle einer Mineralart, die gesetzmäßig über Symmetriebeziehungen miteinander verwachsen sind. Dieses Symmetriegesetz wirkt bis ins Kristallgitter hinein. Im Gegensatz dazu gibt es zufällig miteinander verwachsene Kristalle.

KRISTALLFORMEN

Alle Kristalle bestehen aus symmetrischen Grundformen. Diese können auch in Kombination auftreten (siehe Grafik). Die Tabelle auf der nächsten Seite zeigt eine Übersicht der Grundformen.

* Eine Grundform besteht immer nur aus Flächen einer Art. Die markierten Formen sind offen und kommen daher nie allein vor, sondern nur in Kombination mit anderen Formen.

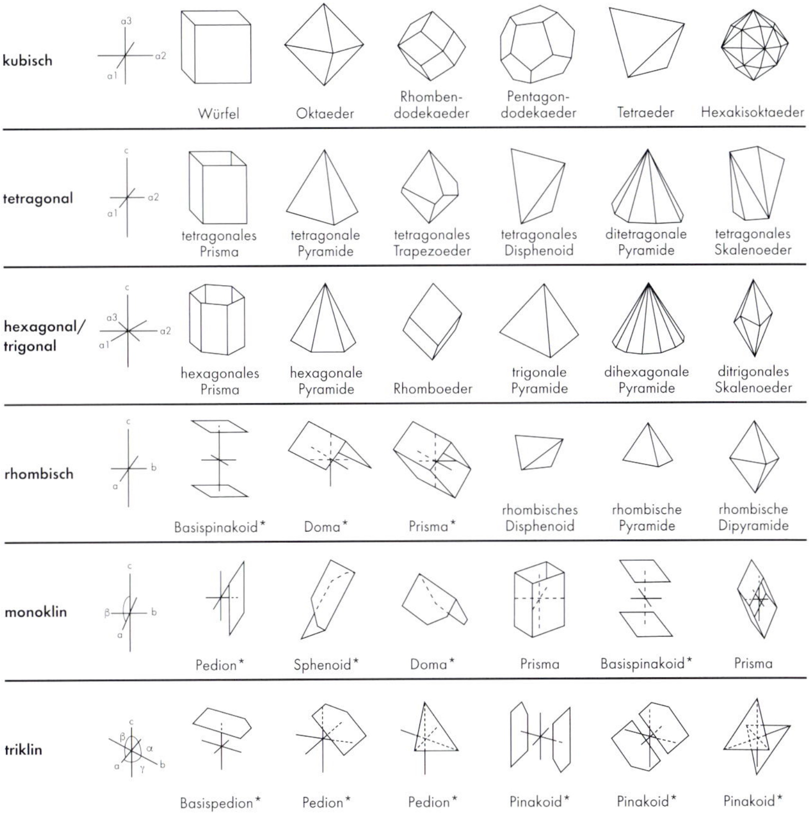

Nach Rösler, H. J.: Lehrbuch der Mineralogie, Deutscher Verlag für Grundstoffindustrie, Leipzig, 2. Auflage, 1981, 836 S.

MINERAL-INDEX

A

Achat/Agate Varietät, gebänderter Chalcedon, Quarz

Adamin/Adamite $Zn_2[OH|AsO_4]$

Adular/Adularia Varietät, Orthoklas auf alpinotypen Klüften, Feldspat

Aegirin $NaFe[Si_2O_6]$

Afghanit $(Na,Ca,K)_8Ca_2[(Cl,SO_4,CO_3)_3|Al_6Si_6O_{24}] \cdot \frac{1}{2}H_2O$

Ajoit $(K,Na)Cu_7[(OH)_6|AlSi_9O_{24}] \cdot 3H_2O$

Akanthit Ag_2S

Aktinolith/Actinolite
$Ca_2(Mg,Fe)_5[OH|Si_4O_{11}]_2$
Amphibol, Strahlstein

Albit $Na[AlSi_3O_8]$
Feldspat

Allanit $Ca(Ce,La)(Fe,Mn)(Al,Fe)_2[O|OH|SiO_4|Si_2O_7]$
Allanit-(Ce)

Almandin $Fe_3Al_2[SiO_4]_3$
Granat

Amazonit Varietät, grüner Mikroklin, Feldspat

Amesit $(Mg,Fe)_4Al_2[(OH)_8|Al_2Si_2O_{10}]$
Serpentin

Amethyst Varietät, violetter Quarz

Amiant Varietät, haarförmiger Aktinolith auf alpinotypen Klüften, Amphibol

Analcim $Na_2[Al_2Si_4O_{12}] \cdot 2H_2O$
Zeolith

Anapait $Ca_2Fe[PO_4]_2 \cdot 4H_2O$

Anatas TiO_2

Andradit $Ca_3Fe_2[SiO_4]_3$
Granat

Anglesit $Pb[SO_4]$

Anhydrit $Ca[SO_4]$

Anorthit $Ca[Al_2Si_2O_8]$
Feldspat

Antimonit/Stibnite Sb_2S_3
Antimonglanz

Apatit $Ca_5[F|(PO_4)_3]$
Fluorapatit

Apophyllit $KCa_4[(F,OH)|(Si_4O_{10})_2] \cdot 8H_2O$
Fluorapophyllit

Aquamarin Varietät, blauer Beryll

Aragonit $Ca[CO_3]$

Arfvedsonit $Na_3(Fe,Mg)_4Fe[OH|Si_4O_{11}]_2$

Argentit Ag_2S
Silberglanz

Arsen/Arsenic As

Arsenopyrit FeAsS
Arsenkies

Arsentsumebit $Pb_2Cu[OH|SO_4|AsO_4]$

Asbest/Asbestos feinfaseriger Serpentin oder faseriger Amphibol

Asbolan $(Co,Ni)_{<1}(MnO_2)(OH)_{<2} \cdot 1-2H_2O$

Astrophyllit
$K_2Na(Fe,Mn)_7Ti_2[O_2|F|(OH)_4|Si_8O_{24}]$

Atacamit $Cu_2(OH)_3Cl$
Salzkupfererz

Aurichalcit $(Zn,Cu)_5[(OH)_6|(CO_3)_2]$
Messingblüte

Auripigment/Orpiment As_2S_3

Austinit $CaZn[OH|AsO_4]$

Axinit $Ca_2FeAl_2B[O|OH|(Si_2O_7)_2]$
Ferro-Axinit

Azurit $Cu_3[OH|CO_3]_2$
Kupferlasur

B

Babingtonit $Ca_2(Fe,Mn)Fe[Si_5O_{14}(OH)]$

Barrerit $(Na_2,Ca,K_2)[Al_2Si_7O_{18}] \cdot 7H_2O$
Zeolith

Baryt $Ba[SO_4]$
Schwerspat

Bastnäsit $(Ce,La)[F|CO_3]$
Bastnäsit-(Ce)

Bayldonit $PbCu_3[OH|AsO_4]_2$

Benitoit $BaTi[Si_3O_9]$

Bergkristall/Rock Crystal Varietät, farbloser transparenter Quarz

Berthierit $FeSb_2S_4$

Bertrandit $Be_4[(OH)_2|Si_2O_7]$

Beryll/Beryl $Be_3Al_2[Si_6O_{18}] \cdot H_2O$

Beryllonit $NaBe[PO_4]$

Betechtinit/Betekhtinite $Cu_{10}(Fe,Pb)S_6$

Biotit
$K(Mg,Fe,Mn)_3[(OH,F)_2|(Al,Fe,Ti)Si_3O_{10}]$
Glimmer

Bismuthinit Bi_2S_3

Bixbyit $(Mn,Fe)_2O_3$

Boleit $KPb_{26}Ag_9Cu_{24}(OH)_{48}Cl_{62}$

Boltwoodit
$(K,Na)[UO_2|SiO_3(OH)] \cdot 1\frac{1}{2}H_2O$
Uranylsilikat

Bornit Cu_5FeS_4
Buntkupferkies

Boulangerit $Pb_5Sb_4S_{11}$

Bournonit $PbCuSbS_3$
Rädelerz

Brackebuschit $Pb_2(Mn,Fe)[OH|(VO_4)_2]$

Brasilianit $NaAl_3[(OH)_2|PO_4]_2$

Brochantit $Cu_4[(OH)_6|SO_4]$

Brookit TiO_2

Brucit $Mg(OH)_2$

Bultfonteinit $Ca_2[F|SiO_3(OH)] \cdot H_2O$

Byssolith/Byssolite haarförmiger Aktinolith auf alpinotypen Klüften, Amphibol

C

Calamin Gemenge aus Hemimorphit, Smithsonit, Hydrozinkit (Galmei)

Calcit $Ca[CO_3]$
Kalkspat

Carbonatcyanotrichit
$Cu_4Al_2[(OH)_{12}|(CO_3,SO_4)] \cdot 2H_2O$

Carrollit $Cu(Co,Ni)_2S_4$

Cassiterit SnO_2
Zinnstein

Cavansit $Ca[VO|Si_4O_{10}] \cdot 4H_2O$

Cerussit $Pb[CO_3]$
Weißbleierz

Chabasit/Chabazite
$(K,Na,Ca_{0,5})_2[Al_2Si_4O_{12}] \cdot 6H_2O$
Chabasit-K, Zeolith

Chalcedon/Chalcedony Varietät, traubiger feinkristalliner Quarz

Chalkanthit $Cu[SO_4] \cdot 5H_2O$

Chalkophyllit
$Cu_9Al[(OH)_{12}|(SO_4)_{1,5}|(AsO_4)_2] \cdot 18H_2O$

Chalkopyrit $CuFeS_2$
Kupferkies

Chalkosin Cu_2S
Kupferglanz

Chalkostibit Cu_2SbS_2
Kupferspießglanz

Chalkotrichit Varietät, haarförmiger Cuprit

Charoit $(K,Sr,Ba,Mn)_{15-16}(Ca,Na)_{32}[(Si_{70}(O,OH)_{180})](OH,F)_4 \cdot nH_2O$

Chevkinit $(Ce,La,Ca,Th)_4\,Fe(Ti,Fe)_4[O_4|Si_2O_7]_2$
Chevkinit-(Ce)

Childrenit $(Fe,Mn)Al[(OH)_2|PO_4] \cdot H_2O$

Chlorit Mineralgruppe, meist Sudoit, Klinochlor und andere

Chondrodit $(Mg,Fe)_5[(F,OH)_2|(SiO_4)_2]$

Chrysoberyll/Chrysoberyl $BeAl_2O_4$

Chrysokoll/Chrysocolla $(Cu,Al)_2H_2[(OH)_4|Si_2O_5] \cdot nH_2O$

Cinnabarit/Cinnabar HgS
Zinnober

Citrin Varietät, gelber Quarz

Cleavelandit Varietät, dünnblättriger Albit, Feldspat

Cobaltadamin/Cobaltoan Adamite Varietät, Co-haltiger Adamin

Coelestin/Celestine $Sr[SO_4]$

Cornetit $Cu_3[(OH)_3|PO_4]$

Coronadit $PbMn_8O_{16}$

Cosalit $Pb_2Bi_2S_5$

Covellin/Covellite CuS
Kupferindig

Creedit $Ca_3[Al_2(F,OH)_{10}|SO_4] \cdot 2H_2O$

Cronstedtit $Fe_4Fe_2[(OH)_8|Fe_2Si_2O_{10}]$
Serpentin Gruppe

Cuprit Cu_2O
Rotkupfererz

Cuproadamin/Cuprian Adamite Varietät, Cu-haltiger Adamin

Cuproscheelit Synonym für Cuprotungstit

Cuprotungstit $Cu_3[OH|WO_4]_2$

D

Danburit $Ca[B_2Si_2O_8]$

Datolith/Datolite $Ca_2B_2[OH|SiO_4]_2$

Descloizit $Pb(Zn,Cu)[OH|VO_4]$

Demantoid Varietät, Cr-haltiger Andradit, Granat

Devillin $Cu_4Ca[(OH)_3|(SO_4)]_2 \cdot 3H_2O$

Diamant/Diamond C

Diaspor $AlOOH$

Diopsid $CaMg[Si_2O_6]$
Pyroxen

Dioptas $Cu_6[Si_6O_{18}] \cdot 6H_2O$

Dolomit $CaMg[CO_3]_2$

Doyleit $Al(OH)_3$

Duftit $PbCu[OH|AsO_4]$

Dyskrasit Ag_3Sb

E

Eisenblüte/Flos Ferri Varietät, korallenförmiger Aragonit

Eisenkiesel Varietät, Quarz durch Fe-Oxide rot gefärbt

Elbait
$Na(Li,Al)_3Al_6[(OH,F)_4|(BO_3)_3|Si_6O_{18}]$
Turmalin

Elpidit $Na_2Zr[Si_6O_{15}] \cdot 3H_2O$

Enargit Cu_3AsS_4

Endlichit Varietät, As-haltiger Vanadinit

Eosphorit $(Mn,Fe)Al[(OH)_2|PO_4] \cdot H_2O$

Epidot $Ca_2(Fe,Al)Al_2[O|OH|SiO_4|Si_2O_7]$

Epistilbit $(Ca,Na_2)[Al_2Si_6O_{16}] \cdot 5H_2O$

Erikapohlit
$Cu_3(Zn,Cu,Mg)_4Ca_2(AsO_4)_6 \cdot 2H_2O$

Erythrin/Erythrite $Co_3[AsO_4]_2 \cdot 8H_2O$
Kobaltblüte

Ettringit $Ca_6Al_2[(OH)_{12}|(SO_4)_3] \cdot 26H_2O$

Eudialyt
$Na_{15}Ca_6(Fe,Mn)_3Zr_3[(O,OH,H_2O)_2 (Cl,OH)_2|(Si_3O_9)_2|(Si_9O_{27} \cdot SiO)_2]$

Eudidymit $Na[OH|BeSi_3O_7]$

Euklas/Euclase $AlBe[OH|SiO_4]$

F

Famatinit Cu_3SbS_4

Ferberit $FeWO_4$
Wolframit

Ferro-Aktinolith/Ferro-Actinolite
$Ca_2(Fe,Mg)_5[OH|Si_4O_{11}]_2$

Ferro-Axinit $Ca_2FeAl_2B[O|OH|(Si_2O_7)_2]$

Feueropal/Fire Opal Varietät, orangeroter klarer Opal

Florencit $CeAl_3[(OH)_6|(PO_4)_2]$
Florencit-(Ce)

Fluorapatit $Ca[F|(PO_4)_3]$

Fluorapophyllit
$KCa_4[(F,OH)|(Si_4O_{10})_2] \cdot 8H_2O$

Fluorit CaF_2
Flussspat

Foitit
$Na_{<0,5}(Fe,Al)_3Al_6[(OH)_4|(BO_3)_3|Si_6O_{18}]$
Turmalin

Franklinit $ZnFe_2O_4$

G

Gageit
$(Mn,Mg,Zn)_{21}[O_3|(OH)_{20}|(Si_4O_{12})_2]$

Galenit/Galena PbS
Bleiglanz

Gaudefroyit
$Ca_4Mn_{<3}[(O,OH)_3|CO_3|(BO_3)_3]$

Genthelvin/Genthelvite
$Zn_8[S_2|Be_6Si_6O_{24}]$

Gersdorffit NiAsS

Gibbsit $Al(OH)_3$

Gips/Gypsum $Ca[SO_4] \cdot 2H_2O$

Glendonit Calcit pseudomorph nach Ikait

Gmelinit $(Na_2,Ca)[Al_2Si_4O_{12}] \cdot 5\frac{1}{2}H_2O$
Gmelinit-Na, Zeolith

Goethit FeOOH
Nadeleisenerz

Gold Au

Goldberyll/Golden Beryl Synonym für gelben Heliodor

Goosecreekit $Ca[Al_2Si_6O_{16}] \cdot 5H_2O$
Zeolith

Goshenit Varietät, farbloser Beryll

Goyazit $SrAl_3[(OH,F)_6|PO_3(OH)|PO_4]$

Granat/Garnet Granat-Reihe

Graphit C

Grossular $Ca_3Al_2[SiO_4]_3$
Granat

Gyrolith/Gyrolite
$Na(Ca,Mg,Fe)_{16}[(OH)_8|AlSi_7O_{19}|(Si_4O_{10})_4] \cdot 14H_2O$

H

Hackmanit Varietät, rotvioletter bis farbloser Sodalith

Halit NaCl
Steinsalz

Hämatit Fe_2O_3
Roteisen, Blutstein

Hambergit $Be_2[(OH,F)|BO_3]$

Harmotom
$Ba_2(Ca_{0,5}Na,K)[Al_6Si_{10}O_{32}] \cdot 12H_2O$
Zeolith

Hausmannit $MnMn_2O_4$

Hedenbergit $CaFe[Si_2O_6]$
Pyroxen

Heliodor Varietät, grüngelber Beryll

Helvin $Mn_8[S_2|Be_6Si_6O_{24}]$

Hemimorphit $Zn_4[(OH)_2|Si_2O_7] \cdot H_2O$
Kieselzinkerz

Henritermierit $Ca_3(Mn,Al)_2[(SiO_4)_2(OH)_4]$

Herderit $CaBe[(F,OH)|PO_4]$

Hessonit Varietät, Fe-haltiger Grossular, Granat

Heterogenit CoOOH

Heteromorphit $Pb_7Sb_8S_{19}$

Heterosit $(Fe,Mn)[PO_4]$

Heulandit
$(Ca,Na,K)_{2,5-3}[(Si,Al)_{18}O_{36}] \cdot 13H_2O$
Heulandit-Ca, Zeolith

Hsianghualith $Li_2Ca_3[F_2|Be_3Si_3O_{12}]$

Hubeit $Ca_2MnFe[OH|SiO_4O_{12}] \cdot 2H_2O$

Hübnerit $MnWO_4$
Wolframit

Hyalit Varietät, farbloser klarer Opal

Hydrocerussit $Pb_3[OH|CO_3]_2$

Hydroxyapophyllit
$KCa_4[(OH,F)|(Si_4O_{10})_2] \cdot 8H_2O$

Hydroxylherderit $CaBe[OH|PO_4]$

Hydrozinkit $Zn_5[OH|CO_3]_2$

I

Ikait $Ca[CO_3] \cdot 6H_2O$

Ilmenit $FeTiO_3$
Titaneisen

Ilvait $CaFe_2Fe[O|OH|Si_2O_7]$

Indigolith/Indigolite Varietät, blauer Elbait, Turmalin

Inesit $Ca_2Mn_7[Si_5O_{14}(OH)]_2 \cdot 5H_2O$

J

Jamesonit $Pb_4FeSb_6S_{14}$

Jaspis/Jasper Varietät, farbiger, feinkörnig dichter Quarz

Jeremejewit/Jeremejevite
$Al_6[(F,OH)_3|(BO_3)_5]$

Jodargyrit AgJ

Jouravskit
$Ca_6Mn_2[(OH)_{12}|(CO_3)_2|(SO_4)_2] \cdot 26H_2O$

K

Kalifeldspat/Pottasium Feldspar
$K[AlSi_3O_8]$
Synonym für Orthoklas und Mikroklin

Kämmererit Varietät, Cr-haltiger, pfirsichblütenroter Klinochlor, Chlorit

Kaolinit $Al_4[(OH)_8|Si_4O_{10}]$

Katapleit/Catapleiite
$Na_2Zr[Si_3O_9] \cdot 2H_2O$

Kermesit $Sb(SbO)S_2$

Kësterit $Cu_2(Zn,Fe)SnS_4$

Klinochlor/Clinochlore
$(Mg,Fe)_5Al[(OH)_8|AlSi_3O_{10}]$
Chlorit

Kongsbergit Varietät, Hg-haltiges Silber, Amalgam

Konichalcit $CaCu[OH|AsO_4]$

Korund/Corundum Al_2O_3

Köttigit $Zn_3[AsO_4]_2 \cdot 8H_2O$

Krokoit $Pb[CrO_4]$
Rotbleierz

Kryptomelan/Cryptomelane KMn_8O_{16}

Kunzit Varietät, rosa-lilafarbener Spodumen

Kupfer/Copper Cu

Kutnohorit $Ca(Mn,Mg,Fe)[CO_3]_2$

Kyanit $Al_2[O|SiO_4]$
Disthen

L

Langit $Cu_4[(OH)_6|SO_4] \cdot 2H_2O$

Lasurit $Na_6Ca_2[(S,SO_4,Cl_2)_2|(Al_6Si_6O_{24}]$
Lapislazuli

Laumontit $Ca[Al_2Si_4O_{12}] \cdot 3-4\frac{1}{2}\,H_2O$
Zeolith

Lavendulan
$NaCaCu_5[Cl|(AsO_4)_4] \cdot 5H_2O$

Legrandit $Zn_2[OH|AsO_4] \cdot H_2O$

Lepidolith/Lepidolite
$K(Li,Al)_3[(F,OH)_2|(Al,Si)Si_3O_{10}]$
Glimmer

Leuchtenbergit Varietät, Fe-armer Klinochlor, Chlorit

Libethenit $Cu_2[OH|PO_4]$

Limonit Gemenge aus Eisenhydroxiden, meist Goethit

Linarit $PbCu[(OH)_2|SO_4]$

Lirokonit $Cu_2Al[(OH)_4|AsO_4] \cdot 4H_2O$
Linsenerz

Löllingit $FeAs_2$

Londonit $(Cs,K,Rb)Al_4Be_4[O_4|Be_{11}BeO_{24}]$

Lorenzenit $Na_4Ti_4[O_3|Si_2O_6]_2$

Ludlockit $PbFe_4[As_5O_{11}]_2$

M

Magnesit $Mg[CO_3]$
Bitterspat

Magnetit $FeFe_2O_4$
Magneteisenerz

Magnussonit $Mn_{10}[(OH,Cl)_2|(AsO_3)_6]$

Malachit $Cu_2[(OH)_2|CO_3]$

Malladrit $Na_2[SiF_6]$

Mangandiaspor Varietät, Mn-haltiger Diaspor

Manganilvait
$Ca(Mn,Fe)FeFe[O|OH|Si_2O_7]$

Manganit $MnO(OH)$

Manganocalcit/Manganoan Calcite
Varietät, Mn-haltiger Calcit

Manganomelan Gemenge aus verschiedenen Manganoxiden und -hydroxiden

Manganotantalit $(Mn,Fe)(Ta,Nb)_2O_6$

Marialith/Marialite $Na_4[Cl|Al_3Si_9O_{24}]$
Skapolith

Marienglas/Selenite Varietät, wasserklarer Gips

Markasit FeS_2

Mesolith/Mesolite
$Na_2Ca_2[Al_2Si_3O_{10}]_3 \cdot 8H_2O$
Zeolith

Mikroklin/Microcline $K[AlSi_3O_8]$
Kalifeldspat, Feldspat

Milarit $KCa_2Be_2Al[Si_{12}O_{30}] \cdot 8H_2O$

Milchquarz/Milky Quartz Varietät, trüber milchweißer Quarz

Millerit NiS

Mimetesit $Pb_5[Cl|(AsO_4)_3]$

Molybdänit/Molybdenite MoS_2
Molybdänglanz

Mookait SiO_2
silifizierter Radiolarit

Mondstein/Moonstone Varietät, Orthoklas mit blauweißem Schiller

Mordenit $(Ca,Na_2,K_2)[AlSi_5O_{12}]_2 \cdot {}_7H_2O$
Zeolith

Morganit Varietät, rosa Beryll

Morion/Smoky Quartz Varietät, braunschwarzer Quarz

Mottramit $Pb(Zn,Cu)[OH|VO_4]$

Murmanit $Na_4Ti_4[O_2|Si_2O_7]_2 \cdot 4H_2O$

Mushistonit $(Cu,Zn,Fe)Sn(OH)_6$

Muskovit $KAl_2[(OH,F)_2|AlSi_3O_{10}]$
Glimmer

N

Natrolith/Natrolite
$Na_2[Al_2Si_3O_{10}] \cdot 2H_2O$
Zeolith

Neptunit $KNa_2Li(Fe,Mn)_2Ti_2[O_2|Si_8O_{22}]$

Novacekit $Mg[UO_2|AsO_4]_2 \cdot 9-12H_2O$
Uranglimmer

O

Okenit $Ca_{10}[Si_6O_{16}|(Si_6O_{15})_2] \cdot 18H_2O$

Olivenit $Cu_2[OH|AsO_4]$

Olivin $(Mg,Fe)_2[SiO_4]$

Olmiit $CaMn_2+[SiO_3(OH)](OH)$

Opal $SiO_2 \cdot nH_2O$

Orthoklas/Orthoclase $K[AlSi_3O_8]$
Kalifeldspat, Feldspat

Ottensit $(Na,K)_3(Sb_2O_3)_3(SbS_3) \cdot 3H_2O$

P

Palygorskit
$(Mg,Al)_2[OH|(Si,Al)_4O_{10}] \cdot 4H_2O$

Papagoit $Ca_2Cu_2Al_2[(OH)_6|Si_4O_{12}]$

Paradamin/Paradamite $Zn_2[OH|AsO_4]$

Pargasit
$NaCa_2(Mg,Fe)_4Al[(OH,F)|AlSi_3O_{11}]_2$

Parisit $Ca(Ce,La)_2[F_2|(CO_3)_3]$
Parisit-(Ce)

Pearceit $(Ag,Cu)_{16}(As,Sb)_2S_{11}$

Pennin Varietät, Mg-reicher Klinochlor, Chlorit

Pentagonit $Ca[VO|Si_4O_{10}] \cdot 4H_2O$

Peridot grüne Schmucksteinvarietät von Olivin

Periklas MgO

Periklin/Pericline Varietät, milchweißer gedrungener Albit auf alpinotypen Klüften

Perowskit $CaTiO_3$

Phenakit $Be_2[SiO_4]$

Philipsburgit $(Cu,Zn)_6[(OH)_3|(AsO_4,PO_4)]_2 \cdot H_2O$

Phlogopit $KMg_3[(OH,F)_2|AlSi_3O_{10}]$ Glimmer

Phosgenit $Pb_2[Cl_2|CO_3]$

Plagioklas/Plagioclase Mischkristalle der Reihe Albit-Anorthit, Feldspatgruppe

Plancheit $Cu_8[(OH)_2|Si_4O_{11}]_2 \cdot H_2O$

Plattnerit PbO_2

Pleonast Varietät, Fe-haltiger Spinell

Plombierit $Ca_5[Si_3O_8OH]_2 \cdot 6H_2O$

Plumbogummit $PbAl_3[(OH,H_2O)_6|(PO_4)_2]$

Poldervaartit $Ca(Ca,Mn)[OH|SiO_3(OH)]$

Pollucit $(Cs,Na)_2[Al_2Si_4O_{12}] \cdot 1/2-1H_2O$ Zeolith

Povondrait $(Na,K)Fe_3(Fe,Mg,Al)_6[(OH,O)_4|(BO_3)_3/Si_6O_{18}]$ Turmalin

Powellit $Ca[MoO_4]$

Prasem/Prase Varietät, Quarz mit lauchgrünen Aktinolithfasern

Prehnit $Ca_2Al[(OH)|AlSi_3O_{10}]$

Pseudomalachit $Cu_5[(OH)_4|(PO_4)_2]$

Psilomelan derbes, oft schalig-traubiges Hartmanganerz (meist Romanechit)

Pyrargyrit Ag_3SbS_3 dunkles Rotgültigerz

Pyrit FeS_2 Schwefelkies

Pyrochlor $(Na,Ca)_2Nb_2O_6(OH,F)$

Pyromorphit $Pb_5[OH|(PO_4)_3]$ Grün- bzw. Braunbleierz

Pyrrhotin FeS Magnetkies

Q

Quarz/Quartz SiO_2

R

Rammelsbergit $NiAs_2$

Raspit $Pb[WO_4]$

Rauchquarz/Smoky Quartz Varietät, rauchfarbener Quarz

Realgar As_4S_4

Rhodochrosit $Mn[CO_3]$
Manganspat

Rhodonit $(Ca,Mg)(Mn,Fe)_4[Si_5O_{15}]$

Richterit $(Na,K)(Ca,Na)_2(Mg,Mn,Fe)_5[(OH,F)|Si_4O_{11}]_2$

Romanechit $(Ba,H_2O)_2Mn_5O_{10}$

Rosasit $(Cu,Zn)_2[(OH)_2|CO_3]$

Roselith/Roselite
$Ca_2(Co,Mg)[AsO_4]_2 \cdot 2H_2O$

Rubellit Varietät, rosaroter Elbait, Turmalin

Rubin/Ruby Varietät, roter Korund

Rutil TiO_2

S

Safflorit $(Co,Fe)As_2$

Sagenit gitterförmig verwachsener Rutil

Saphir/Sapphire Varietät, blauer Korund

Scheelit $Ca[WO_4]$
Tungstein

Scholzit $CaZn_2[PO_4]_2 \cdot 2H_2O$

Schörl/Schorl
$NaFe_3(Al,Fe)_6[(OH)_4|(BO_3)_3|Si_6O_{18}]$
schwarzer Turmalin

Schwefel/Sulphur S

Semseyit $Pb_9Sb_8S_{21}$

Serpentin Mineralgruppe
häufig Antigorit $(Mg,Fe)_6[(OH)_8|Si_4O_{10}]$
oder Chrysotil $Mg_6[(OH)_8|Si_4O_{10}]$

Serpierit $Ca(Cu,Zn)_4[(OH)_3|SO_4]_2 \cdot 3H_2O$

Siderit $Fe[CO_3]$
Eisenspat

Siegenit $(Ni,Co)_3S_4$

Silber/Silver Ag

Skapolith/Skapolite
$(Na,Ca)_4[(CO_3,Cl)|(Al,Si)_6Si_6O_{24}]$

Skolezit/Skolecite $Ca[Al_2Si_3O_{10}] \cdot 3H_2O$
Zeolith

Skorodit $Fe[AsO_4] \cdot 2H_2O$

Skorpionit $Ca_3Zn_2(PO_4)_2(CO_3)(OH)_2 \cdot H_2O$

Skutterudit $CoAs_{<3}$

Smaragd/Emerald Varietät, grüner Beryll

Smithsonit $Zn[CO_3]$
Zinkspat

Sodalith $Na_8[(Cl,OH)_2|Al_6Si_6O_{24}]$

Sperrylith/Sperrylite $PtAs_2$

Spessartin $Mn_3Al_2[SiO_4]_3$
Granat

Sphalerit ZnS
Zinkblende

Sphärocobaltit/Spherocobaltite $Co[CO_3]$

Spinell/Spinel $MgAl_2O_4$

Spodumen $LiAl[Si_2O_6]$

Stannit Cu_2FeSnS_4

Staurolith/Staurolite
$(Fe,Mg,Zn)_{1,5-2}Al_9[O_6|(OH,O)_2|(SiO_4)_4]$

Stellerit $Ca[Al_2Si_7O_{18}] \cdot 7H_2O$
Zeolith

Stibiconit $SbSb_2O_6(OH)$

Stilbit $(Ca,Na,K)_{4,5}[(Si,Al)_{18}O_{36}] \cdot 14H_2O$
Zeolith

Stolzit $Pb[WO_4]$

Stromeyerit CuAgS

Sturmanit $Ca_6(Fe,Al,Mn)_2[(OH)_{12}|B(OH)_4|(SO_4)_{2,5}] \cdot 25H_2O$

Sugilith/Sugilite
$KNa_3Li_2(Fe,Mn,Al)_2[Si_{12}O_{30}]$

Svabit $Ca_5[(F,OH)|(AsO_4)_3]$

Svanbergit $SrAl_3[(OH)_6|SO_4|PO_4]$

T

Talmessit $Ca_2Mg[AsO_4]_2 \cdot 2H_2O$

Tantalaeschynit $(Y,Ce,Ca)(Ta,Nb)_2O_6$

Tantalit $(Fe,Mn)(Ta,Nb)_2O_6$

Tarbuttit $Zn_2[OH|PO_4]$

Tarnowitzit Varietät, Pb-haltiger Aragonit

Tennantit $Cu_{10}(Fe,Zn)_2As_4S_{13}$
Fahlerz

Tetraedrit/Tetrahedrite
$Cu_{10}(Fe,Zn)_2Sb_4S_{13}$
Fahlerz

Thaumasit
$Ca_6Si_2[(OH)_{12}|(CO_3)_2|SO_4)_2] \cdot 24H_2O$

Thomsonit $NaCa_2[Al_5Si_5O_{20}] \cdot 6H_2O$
Thomsonit-Ca, Zeolith

Thulit Varietät, rosa Zoisit

Tinaksit
$K_2Na(Ca,Mn_2+)_2Ti[O|Si_7O_{18}(OH)]$

Titanit $CaTi[O|SiO_4]$

Todorokit $(Mn,Ca,Na)(Mn,Mg,$
$Mn)_6O_{12} \cdot 3-4\frac{1}{2} H_2O$

Topas $Al_2[(F,OH)_2|SiO_4]$

Torbernit $Cu[UO_2|PO_4]_2 \cdot 10-12 H_2O$
Uranglimmer

Tremolit $Ca_2Mg_5[(OH,F)|Si_4O_{11}]_2$

Tsumcorit $PbZnFe[(H_2O,OH)|AsO_4]_2$

Tsumebit $Pb_2Cu[OH|SO_4|PO_4]$

Türkis/Turquoise
$Cu(Al,Fe)_6[(OH)_4|(PO_4)_2]_2 \cdot 4H_2O$

Turmalin Mineralgruppe
siehe Elbait, Foitit, Povondrait, Schörl, Uvit, Indigolith, Rubellit, Verdelith

U

Ullmannit $NiSbS$

Uvit
$Ca(Mg,Fe)_3MgAl_5[(F,OH)_4|(BO_3)_3|Si_6O_{18}]$
Turmalin

Uwarowit $Ca_3Cr_2[SiO_4]_3$
Granat

V

Valentinit Sb_2O_3
Antimonblüte

Vanadinit $Pb_5[Cl|(VO_4)_3]$

Variscit $Al[PO_4] \cdot 2H_2O$

Verdelith/Verdelite Varietät, grüner Elbait, Turmalin

Vesuvian/Vesuvianite $Ca_{19}(Mg,Fe,$
$Ti)_4Al_9[(OH,F)_{10}|(SiO_4)_{10}|(Si_2O_7)_4]$

Viitaniemiit $Na(Ca,Mn)Al[(F,OH)_3|PO_4]$

Villiaumit NaF

Vivianit $Fe_3[PO_4]_2 \cdot 8H_2O$
Blaueisenerz

W

Wardit $NaAl_3[(OH)_2|PO_4]_2 \cdot 2H_2O$

Wernerit Varietät, calcium- und carbonatreicher Skapolith

Willemit $Zn_2[SiO_4]$

Winchit $NaCaMg_4(Al,Fe)[OH|Si_4O_{11}]_2$

Witherit $Ba[CO_3]$

Wolframit $(Fe,Mn)WO_4$

Wulfenit $Pb[MoO_4]$
Gelbbleierz

Wurtzit ZnS

X

Xenotim $Y[PO_4]$

Xonotlit $Ca_6[(OH)_2|Si_6O_{17}]$

Y

Yttrofluorit Varietät, Y-haltiger Fluorit

Yugawaralith/Yugawaralite
$Ca[Al_2Si_6O_{16}] \cdot 4H_2O$
Zeolith

Z

Zinkgartrellit
$Pb(Zn,Fe,Cu)_2[AsO_4]_2 \cdot 2(H_2O,OH)$

Zirkon/Zircon $Zr[SiO_4]$

Zoisit $Ca_2Al_3[O|OH|SiO_4|Si_2O_7]$

Die Angabe des Chemismus der Minerale folgt dem großen Lapis Mineralienverzeichnis 2008, 5. Auflage, Weise Verlag, München.

KARPINSKIT
LEPIDOLITH
MCGILLIT
METALODEVIT
MOCTEZUMIT
MROSEIT
MÜCKEIT
NATRIUM-URANOSPINIT
NIFONTOVIT
OLYMPIT
OMEIIT
PARKERIT

BILDNACHWEIS

Alle Abbildungen terra mineralia, TU Bergakademie Freiberg

Fotos:

Tobias Döring, Freiberg:
S. 135 oben, 141

Andreas Massanek, Freiberg:
S. 41, 167, 187

Detlev Müller, Voigtsdorf:
S. 1, 4, 14, 15, 43, 44–45, 49, 52, 55, 79, 83, 135 rechts unten, 140, 147, 150, 179, 180, 181

Susanne Paskoff, Freiberg:
S. 16, 22, 24–25, 51, 53, 54, 80, 84, 85, 107–111, 130, 131, 134, 135 links unten, 137, 138, 139, 142–143, 148, 149, 151, 163, 220

Martin Purkiss, London:
S. 176

Jan Rieger, www.werbefotografen-dresden.de:
S. 10–11, 18–19, 46–47, 76–77, 104–105, 132–133, 144–145, 172–173, 183–184

Michael Schwan, Freiberg:
S. 188

Wolfgang Thieme, Chemnitz:
S. 2–3

Ungermeyer, grafische Angelegenheiten, Berlin:
Grafik Kristallformen, S. 202

Jörg Wittig, Dresden:
Alle Fotos der Exponate, außer S.: 41, 163 und 167

* Mineral auf dem Foto befindet sich im Wissenschaftlichen Depot.

BIBLIOGRAFIE

Bonewitz, Ronald Louis: Steine & Mineralien. Gesteine, Mineralien, Edelsteine, Fossilien, Dorling Kindersley Verlag, Starnberg, 1. Auflage, 2005, 360 S.

Hubmann, Bernhard: Die großen Geologen, Marix Verlag, Wiesbaden, 1. Auflage, 2009, 192 S.

Istituto Geografico De Agostini S.p.A., Novara: Das große Buch der Mineralien und Edelsteine. Ein umfassender Ratgeber zum Entdecken, Bestimmen und Sammeln, Neuer Kaiser Verlag, Klagenfurt, 2. Auflage, 2005, 351 S.

Naumann, Friedrich: Fotoalbum einer mineralogischen Reise durch Europa, Herausgeber: TU Bergakademie Freiberg, 1. Auflage, 2008, 35 S.

Neukirchen, Florian: Edelsteine. Brillante Zeugen für die Erforschung der Erde, Springer Verlag, Berlin Heidelberg, 1. Auflage, 2012, 261 S.

Pohl, Walter L.: Mineralische und Energie-Rohstoffe, eine Einführung zur Entstehung und nachhaltigen Nutzung von Lagerstätten, E. Schweizerbart'sche Verlagsbuchhandlung (Nägele und Obermiller) Stuttgart, 5. Auflage, 2005, 527 S.

Sebastian, Ulrich: Gesteinskunde. Ein Leitfaden für Einsteiger und Anwender, Spektrum Akademischer Verlag Heidelberg, 1. Auflage, 2009, 166 S.

Internet: www.mineralienatlas.de und www.wikipedia.de

IMPRESSUM

(Namen immer in alphabetischer Reihenfolge)

Gesamtleitung

Anna Dziwetzki, Dipl.-Kunsthistorikerin
(Leiterin terra mineralia)

Autoren

Anna Dziwetzki, Dipl.-Kunsthistorikerin,
Leiterin terra mineralia
(Texte der Exponate)
Christel-Maria Höppner,
Pressestelle TU Bergakademie Freiberg
(Einführungs- und Saaltexte)

Weitere Autoren

Astrid Baumgratz, Dipl.-Geologin
Luisa Dietrich, Dipl.-Kulturwiss.,
Museumspädagogik
Dr. Udo Görne, Dipl.-Geologe
Andreas Massanek, Dipl.-Mineraloge,
Geschäftsführer der Geowissenschaftlichen Sammlungen und Kustos der
Mineralogischen Sammlungen

Kleines Reiselexikon

Dr. Udo Görne, Dipl.-Geologe

Mineralindex

René Köhler, Dipl.-Mineraloge
Götz Rosetz, Dipl.-Mineraloge

Wissenschaftliches Schlusslektorat

Prof. Dr. Gerhard Heide, Wissenschaftlicher Direktor terra mineralia,
Universitätsprofessor für Allgemeine
und Angewandte Mineralogie,
Institut für Mineralogie,
TU Bergakademie Freiberg

TU BERGAKADEMIE FREIBERG 250
TECHNISCHE UNIVERSITÄT
BERGAKADEMIE FREIBERG
Die Ressourcenuniversität. Seit 1765.

Herausgeber
Anna Dziwetzki, terra mineralia,
TU Bergakademie Freiberg

Gestaltung
Simone Antonia Deutsch,
Sandstein Verlag

Satz und Reprografie
Katharina Stark, Jana Neumann,
Sandstein Verlag

Druck und Verarbeitung
Westermann Druck
Zwickau GmbH

Die Deutsche Nationalbibliothek verzeichnet diese Publikation in der Deutschen Nationalbibliografie; detaillierte bibliografische Daten sind im Internet über http://dnb.ddb.de abrufbar.

www.sandstein-verlag.de
ISBN 978-3-95498-138-0